稀土工程丛书
XITU GONGCHENG CONGSHU

稀土镁镍系储氢合金

XITU
MEINIEXI
CHUQING HEJIN

孙 昊　赵凤光　张 胤　著

化学工业出版社

·北京·

内 容 简 介

氢能是清洁能源,也是当今新能源产业的热点之一,而储氢合金是氢气储存与运输过程中的首选。镁镍系储氢合金储氢量大、资源丰富、价格低廉,成为储氢合金的重要组成,而稀土掺杂镁镍合金,进一步提高了镁镍合金的储氢能力以及合金的稳定性。

本书介绍了多种镁镍合金的结构与设计,并对其成分与储放氢能力进行了详细对比分析,指导读者从事相关的研究,并得到不同环境中的最佳合金成分和结构。

本书适宜从事金属材料以及新能源等产业的技术人员参考。

图书在版编目(CIP)数据

稀土镁镍系储氢合金/孙昊,赵凤光,张胤著.—北京:化学工业出版社,2022.10(2023.5重印)
ISBN 978-7-122-41814-2

Ⅰ.①稀… Ⅱ.①孙…②赵…③张… Ⅲ.①稀土金属合金-储氢合金-研究 Ⅳ.①TG139

中国版本图书馆 CIP 数据核字(2022)第 120161 号

责任编辑:邢　涛　　　　　　　　　　文字编辑:张　宇　陈小滔
责任校对:赵懿桐　　　　　　　　　　装帧设计:韩　飞

出版发行:化学工业出版社(北京市东城区青年湖南街 13 号　邮政编码 100011)
印　　装:北京虎彩文化传播有限公司
710mm×1000mm　1/16　印张 11¾　字数 190 千字　2023 年 5 月北京第 1 版第 2 次印刷

购书咨询:010-64518888　　　　　　　　售后服务:010-64518899
网　　址:http://www.cip.com.cn
凡购买本书,如有缺损质量问题,本社销售中心负责调换。

定　　价:128.00 元　　　　　　　　　　　　　　版权所有　违者必究

《稀土工程丛书》序

稀土被人们誉为现代及未来工业必不可少的"工业维生素"和新材料的"宝库",是世界上公认的战略元素和高技术元素。稀土不但在传统产业的技术进步和发展中发挥着愈来愈重要的作用,而且在信息、生物、新材料、新能源、空间、海洋六大新科技产业中有着广泛的应用。稀土作为一种不可再生的稀有资源,被广泛应用于军事、电子、环保、航天和其他尖端技术中,与高新技术和国防科技的发展息息相关。

1992年,邓小平在南巡时提出"中东有石油,中国有稀土,一定要把稀土的事情办好";1999年,江泽民视察包头时指出,要"将稀土资源优势转化为经济优势"。为适应国家在包头建设"中国稀土谷"的重要战略和地方经济建设,2004年10月,内蒙古科技大学与包头国家稀土高新技术开发区采取联合办学、共同建设的方式,联合组建了内蒙古科技大学稀土学院,这是全国第一个以稀土命名的学院。

稀土学院成立8年来,内蒙古科技大学和包头国家稀土高新技术开发区双方以内蒙古科技大学作为教学基地,以包头稀土研究院和稀土高新技术开发区为实训基地,以包头地区的稀土企业为实习基地,通过优势互补、资源优化配置、产学研结合,目前已成为内蒙古乃至全国稀土人才培养、培训基地。

为了适应稀土产业的高速发展,总结专业建设经验,提高人才培养质量,真正把稀土工程专业建成国家特色专业,内蒙古科技大学稀土工程国家高等学校特色专业建设负责人——内蒙古科技大学稀土学院院长张胤教授与化学工业出版社合作,组织一批科研、教学经验丰富的专家教授,主持出版《稀土工程丛书》。

本丛书是为稀土工程专业精心准备的系列图书，主要面向稀土冶金及稀土材料的工程技术人员和稀土工程专业及相关专业冶金工程、材料科学与工程的本科生和研究生。

　　本丛书的特点是针对性强，重视基础，选材恰当。丛书体系设计针对性强，顺应了当代稀土技术发展的潮流。本套丛书的编辑出版十分及时，是稀土界的一大喜事，对于引领我国稀土工程专业建设，规范稀土专业人才的培养，提升内蒙古科技大学稀土学院的办学水平，促进我国稀土产业深入发展有重大意义。

　　特别当前全世界掀起"稀土热潮"，并成为"政治说事"，本丛书的出版将有助于全国人民了解稀土，值得一读，特此推荐。

师昌绪

2012.5.7

于徐扎县大营村

前　言

镁镍（Mg-Ni）系储氢合金自 20 世纪被发现以来，就因其具有储氢量大、资源丰富和价格低廉等优势而一直备受关注。尤其是进入 21 世纪之后，随着传统化石能源消耗的加快，不但出现了能源短缺的问题，而且还造成了日益严重的环境问题。为此，以氢能为代表的清洁能源的开发与利用成了科学研究的热点，特别是我国提出"双碳"目标后，与氢能存储有关的研究更加受人关注。相应的以 Mg-Ni 系合金为代表的储氢合金开发成为材料研究的热点。尽管 Mg-Ni 系合金作为储氢合金有着较多的优势，然而其较高的吸放氢温度以及较差的动力学性能一直是其走向实用化道路上的拦路虎。

本书以 Mg-Ni 系合金为基础，介绍了通过稀土合金化、球磨制备以及复合镍等方式获得的系列储氢材料，并系统地研究这些方式和方法对 Mg-Ni 系储氢合金的储氢性能的影响，包括合金在吸放氢前后的组织结构变化、合金的电化学性能、气固储氢性能等。同时研究了稀土镁镍合金氢化物的稳定性，分析了材料的吸放氢机制，并通过第一性原理计算证实了 $YMgNi_4$ 相中 Y 和 Mg 的存在位置变化情况及 Cu 对 Ni 的替代会降低 $MgNiH_4$ 相的稳定性等问题。

本书由孙昊、赵凤光和张胤著，其中赵凤光完成第 1 章，赵凤光和张胤共同完成第 2 章，孙昊完成了第 3～6 章。全书由孙昊统稿和定稿。本书可作为研究生或从事储氢材料相关工作的人员的参考书。

本书为"稀土工程丛书"之一，在此深切缅怀为丛书作序的师昌绪先生。师先生的治学精神，指引作者做好未来的教学与科研工作。由于作者水平有限，书中不足之处，敬请读者批评和指正。

著者
2022 年 1 月

目　录

第 3 章　Y、Sm、Nd 对镁镍系合金微观结构及储氢性能的影响 — 36

第 4 章　Y 添加量对镁镍系合金的微观结构及储氢性能的影响 ────── 73

第1章 氢能及储氢合金

1.1 氢能概述

从钻木取火开始，能源就逐渐成为人类赖以生存的基础，并成为整个世界发展和经济增长最基本的驱动力。然而自工业革命以后，能源问题开始逐渐显现，问题主要包括了安全和对自然界体系的影响两个方面。目前，世界的能源体系主要是依靠以煤炭、石油和天然气为主的化石能源。随着世界经济的高速发展，能源需求也迅猛增加，全世界在最近 25 年内消耗的能源量相当于过去 100 年的用量，化石能源消耗的加快，将会导致传统能源逐渐枯竭，能源需求安全得不到保证。同时化石能源的大量消耗给自然环境带来了严重的问题，如温室效应和污染等。要想上述问题得到较好的解决，发展多样性的能源体系将是最好的办法之一，特别是大力发展清洁高效、可持续发展的绿色能源，无疑是最好的选择。

氢作为能源使用时相对化石能源具有更明显的优势，被认为是最理想的二次能源之一。这首先是因为氢的资源丰富，氢是自然界最多的元素，大约占据宇宙质量的 75%。在地球上，自然氢虽然很少，但它被储存于地球上最广泛的物质水中，所以储量是惊人的，同时它与氧气反应后的产物也是水，水又可以制氢，使其不存在枯竭的问题，保证了能源需求安全。其次是氢具有高的能量密度，其热值虽然低于核燃料，但却比其他所有化石燃料、化工燃料和生物燃料都高，约为 142MJ/kg，是化石能源（47MJ/kg）的 3 倍还多。最后是氢的来源十分广泛，它既可以利用传统能源进行制备，也可以利用诸如核能、太阳能、水能、风能、潮汐能、生物质能、地热能等可再生能源制取。同时，氢能利用形式多样，不但能与氧气直接燃烧释放出大量热量，而且氢还可以通过燃料电池等形式转化为电能，甚至可以直接作为发动机燃料。另外一个最为明显的优势就是其燃烧后的零排放。氢燃烧后产物只有水，无环境污染问题，也没有碳排放，因此，氢作为能源载体，被誉为"人类未来的能源"。

另外，由于氢能的绝对优势，有时会被用来发展和利用其他可再生能源。在众多的可再生能源里，目前被较好利用的是水电，它能像火电一样提供较好的电力质量。而目前备受关注的如风能、太阳能和海洋潮汐能等能源，因受自然因素影响较大，往往都是随机的、间歇性的，这将直接导致电压和频率发生波动而难以保证电力质量，这也是光伏发电与风力发电发展的掣肘。如果将部分峰值的电能转化为氢的化学能进行存储，在必要时反向转变为电能，就能够实现"削峰填谷"，实现并网发电。

氢能的发展过程包括了氢的制取、存储、运输和应用等环节，这四个环节是紧密相连的，全面的发展才能促进氢能产业的进步。目前氢能的制取主要包括了三个方向，即煤、石油和天然气等为主的化石能源裂解、电解水和生物技术制氢。这些技术应用的相互配合，促进了产氢业的发展。据央视报道，2020年我国氢气产量达到了 3342 万吨，是世界第一产氢大国。与制取相对应的是氢能的应用，氢能的应用主要包括了三类，一是与氧直接反应燃烧产生热能，二是在燃料电池中发电，三是氢化物中的化学能与氢能的相互转化。特别是第二种应用，在近年来被越来越多国家的人们所重视。日本在氢能源领域的专利数量位居世界首位，特别是丰田汽车公司，积累了丰富的经验和技术，其开发的燃料电池车 Mirai，排放的唯一产物是无害的水，甚至达到了饮用水的标准。2019 年 7 月德国大陆集团已正式启用德国燃料电池实验室。宝马的氢燃料车型也有望于 2025 年上市。我国的应用研究也发展迅猛。一汽集团和苏州金龙与丰田汽车合作，加快推进燃料电池车在中国的研发，成都氢燃料电池客车也已上路行驶。然而，与氢的制取和应用发展不相适应的是氢的存储和运输，其中存储还影响着运输。氢存储技术发展滞后，直接影响了氢能产业的未来发展和行业的进步，成为亟待解决的问题。

1.2 氢的存储

相对于氢的生产和应用环节，氢能的安全和高效存储则是氢能产业全过程中较为关键的环节，同时也是目前氢能应用的主要技术障碍。众所周知，氢通常都是以气体的形式存在，是最轻的气体，密度只有 0.0899g/L（标准状态下），即便是冷却到 -253℃时成为液态，密度也仅为 70g/L。可见氢以气态或者液态存在时，其单位体积的能量密度较低。从经济角度出发，这显然是不合理的，既不利于能量存储，更不利于能量运输，因此需要具有高能量密度的存储，也就是说大的储氢质量密度和体积密度才是有利的。对于目前发展最快的氢能汽车，其氢能储存系统就必须紧凑、轻质、安全，这就要求发展气液两态以外的储氢方式。依据氢的存在状态，储氢方式包括了高压气态储氢、液态储氢和固态材料储氢三种，每种储氢方式都有各自的特点，分别简述如下。

1.2.1　气态储氢

气态储氢是目前最为常见氢气存储方式之一，然而极低的存储密度，成为气态储氢的致命缺点。以目前工业通用的规格为40L容积的高压氢气瓶为例，在15MPa的压力下，大约只能存储0.5kg的氢气，气体质量不足气瓶质量的1%，所以15MPa压力下储氢的方式明显达不到氢燃料汽车上的应用标准。为此，各国都在大力发展能够承受更高压力的储氢气瓶。随着GB/T 35544—2017《车用压缩氢气铝内胆碳纤维全缠绕气瓶》国家标准的实施，我国开始逐步应用35MPa和70MPa高压储氢瓶。然而随着承压的升高，气瓶制作成本也升高，同时还伴有高能耗、安全性差、加氢技术不配套等问题。

1.2.2　液态储氢

氢气在液态时的密度为70g/L，是标准状态下氢气密度的865倍，因此，从提高能量密度的角度上看，采用液态方式储氢无疑比气态方式要好得多。然而，氢气在常压下的液化需要$-253℃$的超低温才能实现，而在$-196℃$（液氮温度）下液化，则需要70MPa的压力。可见要实现氢气液化，也需要消耗大量的能源，其消耗的能源量约为自身存储能量的25%～45%。另外，液氢在存放或者汽化时，自身还存在着较大的消耗。同时，低温氢气较低的燃烧焓也是液态储氢的技术难题。因此液氢目前只限于航天技术领域应用。

1.2.3　固态材料储氢

通过物理或者化学的办法，将氢分子或者原子，吸附在固体的表面或者生成化合物，并在适当条件下，将氢重新释放出来并加以利用，此过程被称为固态材料储氢。这种办法能够有效克服气态和液态两种储存方式的不足，且当固体材料选择适宜的时候，固态储氢不但能够实现大量储氢，而且能量密度高，不仅高于气态储氢，甚至高于液态储氢，同时还具有安全度高、运输便利等特点。

依据储氢原理的不同，固态储氢材料可以分为物理储氢和化学储氢两种。固态物理储氢主要是指依靠氢气和材料之间的范德华力，将氢分子吸附在材料的表面等位置，而且在适当的条件下全部或者部分释放所吸气体，代表材料有单壁碳纳米管、多孔和微孔材料以及金属有机框架材料（MOFs）、聚合物、玻璃毛细管阵列、玻璃微球等。物理储氢的优点是吸放氢平衡压比较低，"滞后"现象不明显，缺点是吸收的氢气热稳定性很差，在高温低压的情况下，吸收的氢很容易被释放出来，因此只有在超低温和大压力下才能大量吸放氢。化学储氢则是指固体材料在一定温度下，与一定压力下的氢气发生反应生成配位氢化物或金属氢化物，实现固态储氢。配位氢化物主要包括了铝氢化物 [Na_3AlH_6]、氨基化合物 [$Mg(NH_2)_2$]、硼氢化物 [$LiBH_4$] 等。金属氢化物储氢是近年来研究最为热门的化学固态储氢方式，在一定的温度和压力下，氢气几乎能和所有金属发生反应生成金属氢化物，而当条件允许时，氢化物则可分解放氢，从而实现循环利用。

1.3 储氢合金的储氢原理

储氢合金是一种能够储存氢的金属材料，称得上"储氢合金"的材料应具有像海绵吸水那样能可逆地吸放大量氢气的特性。原则上说这种合金大都属于金属氢化物，其特征是由一种吸氢元素或与氢有很强亲和力的元素（A）和另一种吸氢量小或根本不吸氢的元素（B）共同组成。

20世纪60年代，荷兰 Philips（飞利浦）公司在研究磁性材料时，无意中发现 $SmCo_5$ 合金具有可逆的吸氢性，从此开始了储氢材料的研究历程。国际上陆续发现和研制出具有可逆吸放氢特性的 $LaNi_5$、TiFe、Mg_2Ni 等二元金属间化合物以及 $LaNi_4Mn$、$MmNi_4Co$（Mm 为混合稀土）等多元金属间化合物。随着研究的不断深入，新型储氢材料层出不穷，性能也在不断提高。20世纪70年代，Buschow 等人发现 $LaNi_5$ 合金易与氢形成氢化物，具有很好的储氢能力，但电化学容量衰减快，价格昂贵，使其很长时间未能得到发展。直到1984年，荷兰 Philips 公司的 Willims 采用钴部分取代镍，钕少量取代镧得到 $LaNi_5$ 基多元合金，成功地解决了金属氢化物电极在充放电过程中的容量衰减问题，并研制出抗氧化、抗粉化性能强的实用化镍氢电池。相比之下，能够适宜气固储氢的合金，虽然一直是近些年来人们研究的热点，却依然还走在去往实际应用的道路上，距离目标尚有一定的距离。在此过程中，研究者尝试着借助各种方法来对其性能进行改进，其中合金化法是被首先采用的方法之一，也取得了明显的效果。目前人们已经研制出了二元、三元、四元乃至更多元的储氢合金。

1.3.1　气固吸氢的基本原理

在一定的温度和压力下，金属单质、合金或者金属化合物均能分步骤与氢发生反应，生成含氢的固溶体 MH_x（α 相）或者是氢化物 MH_y（β 相），并放出热量。而当压力改变，并配合适当的温度，含氢的固溶体或者是氢化物将会发生可逆反应，金属氢化物会分解，将储存在其中的氢释放出来。金属与氢的反应过程可分为三个阶段，见图 1.1。

① 当氢分子与金属开始接触时，因为范德华力的原因，首先有部分氢分子聚集于金属的表面，见图 1.1(a)、(b)。接下来氢分子在合金表面离解成氢原子，并与表面金属原子共享电子，形成化学作用，见图 1.1(c)。之后，随着氢分子离解数目的增多，氢原子开始沿着晶界和各种晶体缺陷向金属内部扩散并进入到四面体或八面体间隙位置，形成氢的固溶体 α 相（MH_x），如图 1.1(d)、(e) 所示。因为此时的吸氢量小，虽然能够引起金属晶格的膨胀，但是金属结构却能保持不变，其固溶度 $[H]_M$ 与固溶体平衡氢压的平方根成正比。

$$P_{H_2}^{1/2} \propto [H]_M \tag{1.1}$$

② 合金少量吸氢，达到了固溶体的饱和吸氢量后，在氢原子能够持续供给的情况下，固溶体 α 相将会持续吸氢，由 α 相逐渐变为金属氢化物 β 相 [图 1.1(f)]，并在 α 相＋β 相共存的情况下持续吸氢，直至 α 相全部变为金属氢化物 β 相。当此过程温度为一定时，吸氢将在恒压下完成。如果此时外界的氢压小于平台压，β 相则会放出氢气变为 α 相，也就是说 α 相与 β 相之间的转化是可逆反应。

$$2/(y-x)MH_x + H_2 \rightleftharpoons 2/(y-x)MH_y + Q \tag{1.2}$$

③ 当吸氢合金完全转变为金属氢化物后，如果将外界的氢压继续提高，少许氢原子还可以进入到金属氢化物晶体的晶格空隙位置，形成氢在金属氢化物中的固溶体。因为氢在金属氢化物中的固溶度非常小，所以这个过程很快完

成而达到饱和。此过程中氢压会随氢含量的微变，而急剧升高。

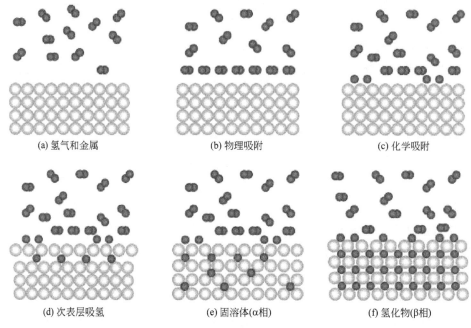

图 1.1 储氢合金吸氢过程示意图

金属的吸放氢过程是一个可逆反应，同时伴随着热量的变化，一般是吸氢放热，放氢吸热，整个过程中都与温度、压力及合金的成分有关。根据 Gibbs 相律可知，在反应温度一定时，气固反应有一定的平衡压力。图 1.2 表示合金吸放氢过程中平衡压力（P）-组成（C）的理想等温线（PCT 曲线）及对应的范特霍夫曲线。在 PCT 曲线中横轴表示固相中的氢原子与金属原子之比，纵轴为氢压。温度不变时，从零点开始，随着氢压的增加，氢原子溶于金属的晶体中，形成含氢固溶体 α 相（MH_x），此时要维持吸氢量的增加，系统的压力会急剧增加。这主要是根据 Gibbs 相律：

$$f = c - p + 2 \tag{1.3}$$

式中，f 为自由度数；c 为组元数；p 为相数。

可知，此时系统中的组元包含了氢气和金属，即 $c=2$，相组成为固溶体 α 相和氢气，即 $p=2$，所以 $f=2-2+2=2$，说明即使此时温度不变，氢的浓度和压力也均要变化。

氢在金属中的固溶度往往都不是很大，也就是说形成含氢固溶体阶段，并不会吸收太多的氢气，而是随着氢压的升高，迅速吸氢饱和。之后，α 相开始

吸氢逐渐转变为 β 相，在此阶段，只要温度一定，压力也会维持不变，即为图 1.2 中的平台阶段，此时系统中的组元仍然是氢气和金属，c 还等于 2，但相组成却变成了氢气、α 相和 β 相三相共存，$f=2-3+2=1$，表明此时如果温度不变，随着氢浓度的增加，压力保持不变。当所有 α 相全部转变为 β 相时，整个吸氢过程才能结束，这个保持不变的压力被称为平台压。平台阶段也是储氢合金的主要吸氢阶段，它决定了合金吸氢量的多少。

在全部吸氢相都变成 β 相后，如再提高氢压，则 β 相会再次吸氢，此时的 f 又变为 2，氢化物中的氢只有少量增加，而氢压却显著增加。

当外界氢压减小后，金属氢化物或者固溶体开始放氢。理想的放氢曲线是吸氢曲线的逆过程。

实际的储氢合金的 PCT 曲线与理想的曲线可能会有一定的差距。首先是曲线的平台区通常并不是一条严格的水平线，而是略带倾斜的直线。导致平台倾斜的原因被认为与合金杂质在吸氢时产生偏析，以及吸氢导致晶格膨胀等有关。其次是吸放氢时的平台压并不相等，而是吸氢的往往高于放氢的，出现了滞后效应，严重的滞后，将会降低合金的储氢效率，其产生的原因也被认为与吸放氢时晶格的膨胀和收缩有关。

PCT 曲线是衡量储氢材料热力学性能的重要曲线。曲线中的平衡压、平台宽度和平台起始浓度，不但可以衡量合金吸放氢的性能，同时可以作为判断新的储氢合金的依据。利用 PCT 曲线可以求出合金吸放氢的热力学参数，PCT 曲线的平台区平衡压、温度与反应焓的关系可以用范特霍夫（Van't Hoff）方程表示。

$$\ln \frac{P_{H_2}}{P_0} = \frac{\Delta H}{RT} - \frac{\Delta S}{R} \tag{1.4}$$

式中，P_{H_2} 为氢平衡压；P_0 为标准大气压，101325Pa；ΔH 为反应焓变；ΔS 为反应熵变；T 为绝对温度；R 为理想气体常数，8.314J/(mol·K)。

通过式 1.4 可以看出，在一定范围内 $\ln(P_{H_2}/P_0)$ 与 $1/T$ 呈线性关系。因此，通过不同温度下的 PCT 曲线可以做出 $\ln(P_{H_2}/P_0)$ 与 $1/T$ 的关系曲线（范特霍夫曲线），如图 1.2(b) 所示。通过曲线的斜率和截距可以分别获得能够直接反映氢化物稳定性的反应焓变 ΔH 和反应熵变 ΔS。作为储氢材料，反应焓变和反应熵变的绝对值要尽可能小。

上述的热力学性能反映了储氢合金反应进行的驱动力的大小，但却不能用于描述合金在吸放氢过程中的反应速率问题。而作为储氢材料应用时，吸放氢的速率问题与上述热力学问题是同样重要的，也直接决定着材料的可用性。吸放氢的反应速率属于动力学性能。合金的吸放氢反应是一种气固的化学反应，其反应过程包括了反应物和生成物的内外扩散，以及新相的生成等问题，而控制这些反应的因素都将影响气固的反应速率。截至目前，对于储氢合金吸放氢的反应动力学研究较多，并且给出了较多的反应模型，表 1.1 所示是几种适用于储氢合金的反应动力学模型。

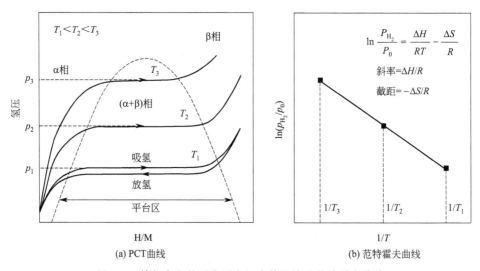

(a) PCT曲线 (b) 范特霍夫曲线

图 1.2　储氢合金的平衡压力组成等温线及范特霍夫曲线

表 1.1　几种用于储氢合金吸放过程的动力学方程模型

模型方程	方程描述
$a^2 = kt$	表面控制（化学吸附）
$[-\ln(1-\alpha)]^{1/3} = kt$	John-Mehl-Avrami-Kolmogor(JMAK)方程： 三维形核和长大方式
$[-\ln(1-\alpha)]^{1/2} = kt$	John-Mehl-Avrami-Kolmogor(JMAK)方程： 二维形核和长大方式
$1-[1-\alpha]^{1/3} = kt$	缩核模型：生长速率恒定的三维长大方式
$1-(1-\alpha)^{1/2} = kt$	缩核模型：生长速率恒定的二维长大方式
$1-(2\alpha/3)-(1-\alpha)^{2/3} = kt$	缩核模型： 界面生长速率减慢由扩散控制的三维长大方式

可以看出，上述这些动力学方程模型反映的是反应速率 α（吸放氢量与时间的比值）与反应时间 t 的关系，当二者的关系是线性时，那么模型方程的 k

为常数。

氢化及脱氢反应的活化能 E_a 为合金发生吸氢或放氢反应所必须克服的能垒，其值可由阿伦尼乌斯方程求得：

$$k = A e^{-\frac{E_a}{RT}} \tag{1.5}$$

式中，A 为阿伦尼乌斯常数；E_a 为活化能，J/mol；R 是气体常数 $R = 8.314$；T 为绝对温度，K。

对式(1.5)两边取对数，得：

$$\ln k = -\frac{E_a}{RT} + B \tag{1.6}$$

这个方程表明，$\ln k$ 与 $1/T$ 呈线性关系，其斜率为 $-E_a/R$。在对式(1.4)的讨论中可知，如果动力学模型方程选择合理，反应速率 α 与反应时间 t 的关系是线性时，可以得到不同温度下的反应速率常数 k。借助对式 1.6 线性拟合后的参数，可以得出合金吸放氢反应的活化能 E_a。

如果氢化物放氢是在连续升温时进行的，活化能 E_a 也可以借助基辛格（Kissinger）方程进行计算。

$$\ln \frac{\beta}{T_p^2} = -\frac{E_a}{RT_p} + C \tag{1.7}$$

式中，β 为加热速率；T_p 为峰值温度；E_a 为放氢活化能；R 为标准气体常数；C 为常数。

1.3.2　储氢合金的电化学储氢原理

镍氢电池是储氢合金的重要应用之一，它是将储氢合金作为负极，$Ni(OH)_2$ 作为正极，浓度为 6mol/L 的 KOH 水溶液作为电解液的碱性蓄电池。其工作原理是利用储氢合金在电位变化时具有吸放氢的功能，实现电池充放电。其电化学式可以表示为：

$$(-)M/MH \mid KOH(6mol/L) \mid Ni(OH)_2/NiOOH(+) \tag{1.8}$$

式中，M 代表储氢合金；MH 代表金属氢化物。电池工作原理如图 1.3 所示。充电的时候，正极 $Ni(OH)_2$ 结合氢氧根离子转变为 NiOOH，负极则发生水分解反应，生成氢和氢氧根，氢被合金表面吸附，变为氢化物。放电过程是上面过程的逆反应，即正极发生 NiOOH 转变为 $Ni(OH)_2$，负极氢化物脱氢，在表面生成水。

在充放电过程中，电极及电池反应如下。

正极：$Ni(OH)_2 + OH^- \rightleftharpoons NiOOH + H_2O + e^-$ (1.9)

负极：$M + xH_2O + xe^- \rightleftharpoons MH_x + xOH^-$ (1.10)

总反应：$xNi(OH)_2 + M \underset{\overset{\longleftarrow}{\text{放电}}}{\overset{\longrightarrow}{\text{充电}}} MH_x + xNiOOH$ (1.11)

镍氢电池在充放电时，其正负极的电化学反应均属于固相转变机制，没有任何的可溶性金属离子产生，电解液的组成没有改变也不产生消耗，因此，镍氢电池可以实现完全密封和免维护，其充放电过程可以看成是氢原子在正负极电极间的转移过程。镍氢电池在设计过程中多数都是采用了负极容量过剩的配置方式，过充时，正极发生消氧反应，氧在储氢极上被还原成水；过放时，正极发生消氢反应，析出的氢被储氢电极吸收。因此，镍氢电池具有良好的过充放电性能。

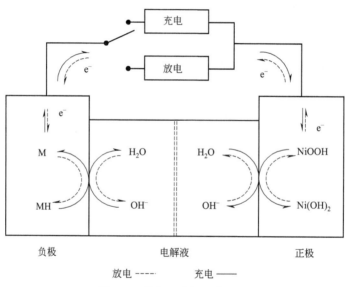

图 1.3　镍氢电池的工作原理

1.3.3　气固相吸放氢性能同电化学性能的关系

无论是气固相吸放氢，还是电化学吸放氢，其吸放氢的大小都是取决于储氢合金所能吸放的氢原子数目。储氢合金的电化学容量取决于金属氢化物 MH_x 中的含氢量 x（$x = H/M$ 原子比），根据法拉第定律，其理论电化学容量同气固吸氢量的关系为：

$$C = \frac{xF}{3.6M_{abn}} \tag{1.12}$$

式中，C 为电化学容量，mAh/g；F 为法拉第常数，96484.56C/mol；M_{abn} 为储氢合金的摩尔质量，g/mol；x 是单位化学式合金吸氢的原子数，对于 $LaNi_5$ 储氢合金，最大量吸氢后 $x=6$。如果吸氢质量分数用 ω_H（wt.%）表示，则电化学容量可表示为：

$$C = \frac{\omega_H}{3.6}F \tag{1.13}$$

在实际中无论是气固储氢，还是电化学储氢，合金的真实容量都会受到各种各样的因素影响而低于理论值，而且两者也会存在显著的偏差。一方面是由合金材料本身特点造成的，如储氢合金析氢平台分压的高低、氢在合金中的扩散速率大小以及合金的电催化性能等；另一方面是由于外在因素的影响，如合金的工作条件（温度、压力和电解液的浓度）及充放制度等。例如铸态金属 Mg 的理论储氢量，吸氢质量分数高达 7.6%，然而其作为镍氢电池的负极材料使用时，由于外部条件的限制，几乎不具备放电性能。

1.4 储氢合金的种类

如果条件允许，元素周期表里的所有元素都可以与氢反应而生成金属氢化物，并伴有热量的变化。但这些金属与氢化合时却体现出两种性质，一种（用 A 表示）是容易与氢化合，并生成稳定氢化物，同时放出大量的热量，这些金属主要有 RE（稀土元素，包括 La、Ce、Pr、Nd、Sm、Y 等单质金属及混合金属）、Mg、Ti、Zr、V 和 Ca 等；另外一种（用 B 表示）与氢的亲和力小，通常条件下不生成氢化物，反应时吸热，这类金属有 Ni、Co、Mn、Fe、Cu 和 Al 等。根据 A 与 B 原子比不同可将合金分为 AB_5 型、A_2B_7 型、AB_3 型、AB_2 型、AB 型和 A_2B 型等。根据合金的基体金属则可分为稀土系、拉弗斯相（Laves）系、TiFe 系和镁系等。

1.4.1 AB_5 型稀土系储氢合金

AB_5 型储氢合金是最早被发现的储氢合金之一，AB_5 型储氢合金包括了 $LaNi_5$ 和 $MmNi_5$ 等稀土储氢合金，以及 $CaNi_5$ 储氢合金等。其中 $LaNi_5$ 作为 AB_5 型储氢合金的代表，是目前应用最为广泛和成功的储氢合金。这种合金具有 $CaCu_5$ 的晶体结构，其饱和吸氢后氢化物分子式为 $LaNi_5H_6$，气固反应时的理论吸氢量约为 1.4wt.％，作为镍氢电池的负极材料使用时，其电化学放电比容量约为 320mAh/g。该合金具有吸氢量大、易于活化、不易中毒、平衡压力适中、滞后小、吸放氢动力性能好等优点，同时也存在着吸放氢循环过程中晶胞体积膨胀收缩变化剧烈（约 23.5％），易于粉化，进而导致合金存在循环稳定性较差的缺点。为了解决这个问题，对 $LaNi_5$ 合金的 AB 两侧进行了替代，用 Ce、Pr、Nd、Zr、Ti、Y、Mm 和 ML 等替代 A 侧（La），用 Co、Mn、Al、Fe、Cu、Si、Ta、Zn 和 Sn 等替代 B 侧（Ni），组成三元、四元乃至多元系的合金，同时发展了非化学计量的 $A_{1-x}B_{5+x}$ 合金，成功克服了上述不足。如胡小龙等人研究了采用 Y 替代 La 对 AB$_5$ 型储氢合金电化学性能的影响，发现 Y 部分替代 La 后可以提高 $LaNi_{3.55}Mn_{0.4}Al_{0.3}Co_{0.75}$ 合金的最大放电比容量、循环稳定性和高倍率放电性能。在此基础之上，研究者正在努力开发基于 AB$_5$ 型合金基础之上的复合储氢材料，将其与 AB$_2$ 型合金、Mg 基材料、V-Ti 基合金以及碳材料进行复合，计划保证其他性能不损耗的情况下，提高材料的储氢能力。胡小龙等人用石墨烯复合 AB$_5$ 型合金后，样品的电化学性能进一步提升，最大放电比容量达到 290mAh/g，60 次循环后样品电极的容量保持率为 85.7％，且其高倍率放电性能表现出色。

低 Co 是提高 AB$_5$ 型合金经济优势的努力方向，Casini 等人采用 Sn 替代 Co 后，制备的 $La_{0.7}Mg_{0.3}Al_{0.3}Mn_{0.4}Co_{0.5-x}Sn_xNi_{3.8}$（$x = 0$，0.1，0.2，0.3，0.5）合金，虽然降低了电池的容量，但是提高了电池的循环寿命。

经过各种改良后的 AB$_5$ 型储氢合金已经被广泛应用，但其最大的缺点是材料密度大，导致储氢质量密度较小，可用容量仅为 1％～1.2％，用作镍氢电池负极材料时放电比容量仅为 300mAh/g 左右，与国际能源署的期望还有不小的差距，因此仍然需要开发容量更高的合金体系。

1.4.2　AB$_2$ 型储氢合金

AB$_2$ 型 Laves 相储氢合金主要有两种结构，分别为 $MgZn_2$ 型（C14，空间群 P6$_3$/mmc，六方结构）和 $MgCu_2$ 型（C15，空间群 F$\overline{d}$3m，面心立方结构），包括 Ti 系和 Zr 系。这类合金的晶体结构具有很高的对称性及高的空间充填密度。AB$_2$ 型 Laves 相多元合金（如 Zr-Ni-Mn-V-Cr）饱和储氢量大，放电容量高，在电解液中稳定性好，循环寿命长，但此合金因在表面形成致密的锆氧化膜，导致初始活化困难，高倍率放电性能差。为了解决这些问题，研究者也采用了多种办法来进行改进，比如采用稀土替代、合金表面处理等方式。

刘海镇等人以 Ti-Zr-Mn-Cr-V-Fe 合金为基础，系统研究了 A 侧和 B 侧元素比例调整对合金储氢容量、平台特性等的影响。发现随着 A/B 的增大，合金吸氢容量明显增大，吸放氢平台压力降低，滞后减小，平台斜率有所增大。Chu Bin 等人则发现 La 替代后能够明显改善储氢合金的活化性能。性能的改善，以及这类合金所具有的高储氢量和良好的循环稳定性，使这类合金有望成为下一代高容量镍氢电池的首选材料。

1.4.3　AB₃ 和 A₂B₇ 型稀土镁镍系储氢合金

RE-Ni 二元体系合金也是主要的稀土储氢合金，主要包括了 AB_3（$PuNi_3$ 或 $CeNi_3$ 型）、A_2B_7（Ce_2Ni_7 或 Gd_2Co_7 型）和 A_5B_{19}（Ce_5Co_{19} 或 Pr_5Co_{19} 型）等金属间化合物。其中，AB_3 和 A_2B_7 型合金由于具有较高的储氢容量而被认为是极具希望的储氢材料。这种具有简单结构的 $La_{1-x}Mg_xNi_2$（$x = 0 \sim 0.67$）合金，早在 20 世纪 80 年代就被 Oesterreicher 等人获得，并发现这类合金具有室温下吸氢的能力，但却因放氢速率异常缓慢，而没有得到重视。后来，研究者将 Mg 等元素引入到此类合金中，组成了具有复杂结构的 AB_3 型和 A_2B_7 型储氢合金，而且使得这类合金的吸氢容量大大增加。赵磊等人制备的 $La_{1-x}Y_xNi_{3.25}Mn_{0.15}Al_{0.1}$ 合金最大的电化学放电比容量达到了 381mAh/g，姜婉婷等人研究了 La-Y-Ni 合金，最高电化学放电比容量也达到了 377.7mAh/g，这些都高于 $LaNi_5$ 合金的电化学容量。然而这类合金也存在着诸如非晶化等问题，在循环使用过程中，合金相逐渐非晶化，从而使储氢量下降。研究者也从元素取代、改性处理和复合处理等方面来解决，其中发现 Mg 的加入减缓了 $LaNi_3$ 和 La_2Ni_7 合金的非晶化问题，使得这类合金可逆吸放氢容量接近其理论值，其具有的特殊亚结构单元被研究者认为是性能良好的保证。

1.4.4　AB 型储氢合金

AB 型储氢合金主要以 TiNi 和 TiFe 合金为代表。其中，TiFe 合金是 1974 年美国布鲁克海文国立研究所的 Reilly 和 Wiswall 发现的，其中 TiFe 理论储氢量为 1.86%，室温下的平衡压力约为 0.3MPa，适用于大规模生产，而且原料的价格便宜。但这类合金也有活化困难等一些致命缺点，其活化时需在 400℃以上高温和高真空条件下进行处理，同时易受 CO_2、CO、H_2O、Cl_2 和 O_2 等杂质气体毒化而失去活性，而且高倍率放电困难。以其他金属元素部分取代合金中 Ti 元素，得到的二元合金容量大，性能稳定，循环寿命长，但合金自放电较大。在材料中加入 Zr 元素替代 Ti 可有效地克服这一缺点。为了改善 TiFe 类合金的活化性能，目前可采用以下三种途径：①元素取代，用过渡族金属、稀土金属等替代 Fe 或 Ti；②表面改性，用酸、碱或盐溶液进行预处理，去除合金表面氧化层，在合金颗粒外层形成新的表面及活性催化中心，来促进合金的活化性能；③机械合金化方法制备 TiFe 合金，机械合金化可细化合金颗粒，增加合金内部晶体缺陷，从而改善其表面活性。此外，该类合金抗毒化性能也很弱，即便是活化后的合金，暴露在空气中后再次吸氢仍然非常困难。

1.4.5　V 基固溶体储氢合金

V 基固溶体也是一种储氢合金，其中 V 与氢可以生成 VH 和 VH_2 两种氢化物。当氢化物全部为 VH_2 时，其气固储氢的理论吸氢量为 3.8%，电化学放电比容量则可以达到 1018mAh/g。但在实际的脱氢过程中，VH_2 相一般只会脱掉一个氢原子变为 VH，再次吸氢时也是 VH 变为 VH_2，所以其可逆储氢量只有 1.9%，但这个数量仍然超过了目前实际应用最多的 $LaNi_5$，加之这类合金具有较好的氢扩散能力，所以一直很受关注。但是直到 20 世纪 90 年代中期，Tsukahara 等人通过加 Ni，解决了这类合金的电催化活性，使这类合金具备了在碱性的电解液中可逆的充放电性，才使这类合金被考虑用于镍氢电池的负极材料中，并通过合金化及元素替换等手段来解决循环稳定性和动力学性能较差的问题。

1.4.6　Mg 及 Mg_2Ni 储氢合金

Mg 作为储氢材料研究，一直广受重视。这主要是因为：①Mg 的资源丰富，相比稀土等储氢材料具有价格低廉的优势，特别是我国是 Mg 资源大国，产量居世界第一位，这个优势就显得更加明显；②Mg 的密度小，在室温时只有 $1.74g/cm^3$，当作为车载电池材料时，具有轻量化的意义；③储氢容量高，一个 Mg 原子，吸氢后虽只携带了两个氢原子，但因 Mg 的密度小，所以 MgH_2 的氢含量达到了 7.6%，同时，也满足了美国能源部对吸氢量 6.5% 的要求。

然而，Mg 作为储氢材料使用时其苛刻的吸放氢条件限制了它的应用。纯镁吸氢，需要 300～400℃ 的高温和 2.4～4MPa 的氢压，而放氢时离解温度也达到了 287℃（0.1MPa 压力下），且速率较慢。为了能够改善 Mg 的吸放氢性能，将 Mg 与其他金属进行合金化是一种行之有效的办法，最为典型的就 Mg 与 Ni 的合金化，其产物主要是 Mg_2Ni 和 $MgNi_2$，其中 $MgNi_2$ 很难与氢反应，Mg_2Ni 能够较为容易地与氢化合，并生成稳定性明显低于 MgH_2 的 Mg_2NiH_4，改善了合金的吸放氢性能，但距离实际应用还有很长的路要走，值得深入研究。

1.5 镁镍基储氢材料的研究现状

1.5.1 镁基储氢材料的发展

自 20 世纪 60 年代储氢材料的出现，到今天已有半个多世纪的发展史，然而目前能够真正走到实际应用阶段的却寥寥无几。尽管 $LaNi_5$ 系储氢合金已经被广泛应用于镍氢电池行业，但其高的合金密度和低的储氢量，远没有达到人们对储氢材料高储氢量的要求。因此，必须研究和开发高容量储氢材料来实现氢能大规模应用和发展。Mg 作为储氢材料是金属中储氢量高的，纯镁时的吸氢量为 7.6%，同时具有价格低廉、环境友好的特点。如果 Mg 基材料能够实现高效吸放氢，无疑是最有希望的储氢材料。根据 PDF-35-0821 可知，Mg 具有密排六方结构，空间群为 $P6_3/mmc$，其晶格常数 $a=3.20936\text{Å}$❶，$c=5.2112\text{Å}$，$\alpha=\beta=90°$，$\gamma=120°$，$V=46.48\text{Å}^3$，其结构图见图 1.4(a)。当镁颗粒在 300℃ 以上，与 3MPa 左右的氢反应：

$$Mg + H_2 \longleftrightarrow MgH_2 \tag{1.14}$$

生成具有四方晶系结构的 MgH_2（PDF 01-074-0934），属于 $P4_2/mnm$ 的空间群，晶格常数 $a=4.517\text{Å}$，$c=3.0205\text{Å}$，$\alpha=\beta=\gamma=120°$，$V=61.63\text{Å}^3$，结构图见图 1.4(b)。氢化反应生成焓变（ΔH）为 $-74.4\text{kJ/mol } H_2$，生成熵变（ΔS）为 $-135\text{J} \cdot \text{K}^{-1} \cdot \text{mol}^{-1} H_2$，高的焓变值和熵变值也说明 MgH_2 较为稳定。

尽管上述的 Mg 与 H_2 反应是可逆反应，然而作为化学反应过程，不但有热力学问题还包含了动力学的影响，也正是这些影响，导致纯镁并不适宜作为储氢材料使用。从热力学角度上看，不但对氢压有要求，对吸放氢的温度也有较高要求。对于实际应用，特别是用于车载等条件下，实现高温的难度较大。

---

❶ $1\text{Å}=10^{-10}\text{m}$。下同。

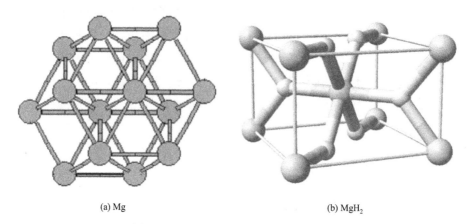

(a) Mg　　　　　　　　　　　(b) MgH$_2$

图 1.4　Mg 以及 MgH$_2$ 的晶体结构示意

同时氢原子在合金中的扩散速率较慢，且随吸氢反应的不断进行，MgH$_2$ 层逐渐变厚，导致氢原子扩散更加困难。要解决这些问题，还必须采用包括合金化、增加催化剂和改变制备方法等手段来实现应用的目的，其中合金化是降低 Mg 基储氢材料放氢温度和提高氢化物热力学性能最为有效的方法之一。能够与 Mg 形成化合物的主要包括稀土元素、Ni、Cu、Pd 和 Pt 等，通过这些元素的加入，可以实现对 Mg 储氢性能的改善。例如稀土元素与 Mg 可形成多种稳定的金属间化合物，且很多可以作为储氢合金来使用。杨泰等人研究的 Mg$_{24}$Y$_3$ 合金，在 380℃ 下 12min 内可解吸约 5.4% 的氢，其放氢的活化能是 119kJ/mol。Mg 与 Cu 的化合物 Mg$_2$Cu 也能够吸氢，但与氢发生的是不可逆的歧化反应：$2Mg_2Cu + 3H_2 \rightleftharpoons 3MgH_2 + MgCu_2$，而且生成物 MgCu$_2$ 不吸氢，导致后面的可逆吸放氢只在 Mg 和 MgH$_2$ 之间进行，降低了合金的实际吸放氢量。在各种元素与 Mg 形成的化合物中，发现最早的也是目前研究最多的是 Mg$_2$Ni。

1.5.2　镁镍系储氢合金的发展

　　Mg$_2$Ni 系储氢合金被看作是 A$_2$B 型储氢合金的典型代表，气固储氢容量达到了 3.6%，电化学放电比容量也达到了 999mAh/g，远大于 LaNi$_5$ 合金的 370mAh/g，被看作是 LaNi$_5$ 未来最有希望的替代品。

　　图 1.5 是 Mg 与 Ni 的二元相图，从中可以看出，当 Mg 与 Ni 的原子比为 2：1，其平衡结晶时，合金中首先出现少量的 MgNi$_2$，之后，合金中将出现先共晶相 Mg$_2$Ni，而后余下的液体发生共晶反应形成共晶组织 Mg + Mg$_2$Ni。

然而合金结晶很少能够以平衡态来完成，在不平衡态时，基本不会出现 Mg-Ni$_2$，结晶后合金主要是 Mg$_2$Ni 相和少量的 Mg 相。除此以外，在真空条件下，可以将 Mg 粉与 Ni 粉通过机械合金化的手段生成 Mg$_2$Ni 合金。

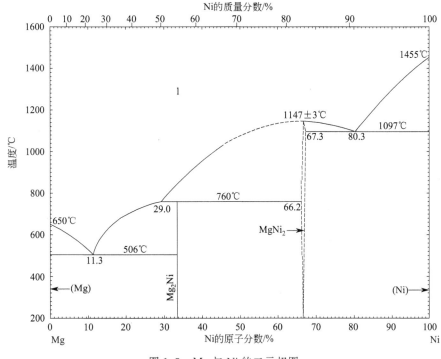

图 1.5　Mg 与 Ni 的二元相图

通过 JCPDS 04-004-6583 可知，Mg$_2$Ni 为六方晶系，空间群为 P6$_2$22，晶格常数 $a=5.19$Å，$c=13.22$Å，$\alpha=\beta=90°$，$\gamma=120°$，$V=46.48$Å^3，其结构图见图 1.6(a)，在室温～200℃ 范围内，Mg$_2$Ni 相与 1.4MPa 的氢气反应生成 Mg$_2$NiH$_4$，其形成焓为 -64.5kJ/mol H$_2$，热稳定性也明显低于 MgH$_2$。同时 Mg$_2$NiH$_4$ 相存在着高温结构 [图 1.6(c)] 和低温结构 [图 1.6(b)]，240℃ 为其转变点。

尽管与 Mg 相比，Mg$_2$Ni 相无论是吸放氢的热力学条件，还是动力学性能，都有了较大改善，但距离实际应用还有很大的差距，特别是放氢所需温度仍然较高，动力学性能也依然不理想。为了能够进一步提高 Mg$_2$Ni 的合金储氢性能，研究者尝试着借助制备方法，如机械合金化、快淬、氢燃烧等，或者是采用改变化学成分的方法，如元素替代、增加过渡族元素、添加催化剂等来提高合金的吸放氢性能。这些方式或方法的应用，都明显地改善了合金的储氢性能。

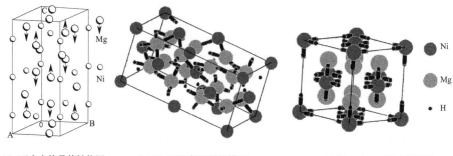

(a) Mg$_2$Ni合金的晶体结构图   (b) Mg$_2$NiH$_4$低温结构模型   (c) Mg$_2$NiH$_4$高温结构模型

图 1.6   Mg$_2$Ni 以及 Mg$_2$NiH$_4$ 的结构示意图

制备方法的改变，能够改善合金的表面特性和内部组织结构，当合金中存在适当密度的晶体缺陷后，可以显著提高合金的吸放氢动力学性能。王鸿钰研究了快淬态 Mg$_2$Ni 储氢合金的电化学性能，发现恰当的快淬处理能使 Mm（NiCoMnAl）$_5$-Mg$_2$Ni 复合合金的活化性能、最大放电容量、放电特性和循环稳定性均得到改善。黄红霞等人研究了球磨工艺中，球料比、球径配比、转速以及球磨时间对合金电极电化学性能的影响，发现这些工艺参数的改变都会对镁镍合金的性能产生影响。张国芳的研究结果则表明，球磨时间的延长不但提高了合金的放电比容量，同时还改善了合金的循环稳定性。Li Quan 等人则将氢化燃烧合成法（HCS）用于制备 Mg$_2$Ni 型储氢合金，发现其具有预处理简单、设备简单、操作时间短、产品质量好、节能等优点，同时他还发现 HCS 工艺中温度的影响最为关键。近年来，采用高压扭转法（HPT）对合金进行变形处理被用来制备 Mg$_2$Ni 合金，Révész 发现通过 HPT 处理明显削弱了合金中键的结合力，而 Toshifumi 的研究结果则表明 HPT 处理能够将晶粒尺寸细化至纳米级，并使晶粒内部存在大量堆垛层错缺陷。此外，固相烧结、等离子体法、磁控溅射等方法也被用来制备 Mg$_2$Ni 型储氢合金。

与制备方法相对应的是添加少量其他物质，如元素替代、增加过渡族元素和添加催化剂等方法来改善储氢性能，同样取得了很好的效果。如宋文杰等人用少量的稀土钇替代 Mg$_2$Ni 合金中部分 Mg 元素后，新合金不但动力学性能得到了明显改善，吸氢量也有所增加。Si Tingzhai、Fu-KaiHsu 的研究结果证实，铜对镍的取代促进了 Mg_2NiH_4 的脱氢。Si Tingzhai 等人的研究结果还发现，Cu 替代部分 Ni 后，合金的脱氢的焓变由 64.4kJ/mol H_2 降低到 59.8kJ/mol H_2，脱氢起始温度由 252℃ 降低到 231℃，这些都表明元素替代对 Mg_2Ni 合金吸氢后的放氢性能的提高是有所帮助的。Kumar 将 V 加入到 Mg_2Ni 并通过球磨法制备后，发现适量的 V 不但能够明显提高合金的气固储氢能力，还改善了合金的动力学性能，添加了 5% V 的 Mg_2Ni 与添加前相比，吸放氢活化能分别由 (62 ± 8)kJ/mol 和 (37 ± 5)kJ/mol 下降到 (20 ± 5)kJ/mol 和 (27 ± 5)kJ/mol，可逆吸放氢量也由 3.0wt.% 提高到 3.2wt.%。有的研究者采用固相烧结方法制备的 $Mg_2Ni_{0.7}M_{0.3}$（M＝Al，Mn，Ti）合金，其研究结果显示脱氢反应的活化能较 Mg_2Ni 的活化能明显降低，分别为 －46.12kJ/mol、－59.16kJ/mol 和 －73.15kJ/mol。与 Mg_2Ni 合金相比，$Mg_2Ni_{0.7}M_{0.3}$ 合金的腐蚀电位向正方向移动，同时发现添加 Al、Mn 和 Ti 能使合金的耐腐蚀性能得到显著提高。张羊换等人用 Cu，Co，Mn 对 Mg_2Ni 中的 Ni 进行了替代，电化学测试后发现替代对合金性能影响显著，但随替代元素的不同影响也不尽相同。

在对 Mg 基合金进行性能改善时，很多人发现含有适宜的催化剂是一种十分有效的方法，储氢合金中的催化剂包括了内生和外部加入两大类型。内生催化剂主要是储氢合金在反复吸氢时发生反应，形成了新的化合物，多见为氢化物，而这些新的化合物，在随后的可逆吸放氢中，保持不变，同时，对其他相的吸放氢起到催化的作用。例如 Li Qian 等人通过氢致非晶化的手段将长周期合金分解，产生 $Mg+Mg_2Ni+YH_2$ 复合储氢材料，在后续的吸放氢过程中，纳米级尺寸的 YH_2 起到了较好的催化作用，最快时合金可以在 15s 内完成吸氢。而 Wang Hui 等人也有类似的研究结果，试验中原位生成的约 50nm 的 YH_2 粒子高度弥散在 MgH_2 粒子表面，对 MgH_2 脱氢有着明显的催化作用，加上后期氧化形成的 Y_2O_3，经 YH_2/Y_2O_3 复合催化，将氢化物脱氢速率提高了 3 倍。另外一种常见的方式是外加催化剂，即将具有催化作用的物质直接加入合金中，让其在随后的吸放氢循环中，起到催化作用。常被用作催化剂的物质主要包括金属单质、稀土氧化物、过渡族金属氧化物、金属卤化物、碳纳米管以及石墨烯等。张国芳等人利用沉淀法制备了纳米级尺寸的 CuO，并将其作为催化剂加入 Mg_2Ni 合金中，发现添加纳米级 CuO 可明显提高材料的最大放电性能，改善 Mg 基复合材料电极表面的电催化活性，提高材料体相内 H 的扩散能力。她还研究了 CeO_2 作为催化剂使用时对储氢性能的影响，结果显

示 CeO_2 的添加不但优化了材料的高倍率放电性能,同时还强化了材料表面的电荷转移能力。Vyas 将 Cr 作为催化剂对 Mg_2Ni 合金吸放氢性能的影响进行了研究,发现 Cr 的加入可以降低 Mg_2NiH_4 的稳定性,有利于材料放氢。在对卤族化合物作为放氢催化剂的研究中,Ma Lp 发现 TiF_3 比 $TiCl_3$ 的催化效果要好得多,并认为是 F^- 起到了主要作用。

1.5.3 稀土镁镍系储氢合金

镁系储氢合金因其低密度、大容量和低廉的价格,一直被认为是最有潜力的金属储氢材料,然而其过高的放氢温度、极差的吸放氢动力学性能一直是限制这类合金走上实际应用的最大障碍。其中以 Mg_2Ni 为代表的镁镍系储氢合金,被认为是镁基储氢合金发展的主要方向之一。这主要是因为 Mg_2Ni 与单质 Mg 相比明显降低了材料的吸放氢温度,同时提高了合金的吸放氢动力学性能,但仍然没有达到理想的程度,尚不能大规模实际应用。采用微量稀土元素对镁镍系合金进一步处理,是一种对合金吸放氢性能改善十分有效的办法。如张羊换等人通过冶炼的方式,将不同量的稀土 La 添加到了 Mg_2Ni 合金中,并对添加稀土前后的合金,从组织结构和储氢性能等方面进行了对比研究,发现 La 替代 Mg 可以使铸态 $Mg_{2-x}La_xNi$($x=0\sim0.6$)合金的相组成以及结构发生显著变化,如当 La 替代量 x 不超过 0.2 时,La 的替代不改变合金的主相 Mg_2Ni,但却形成另外的两种相:$LaMg_3$ 和 La_2Mg_{17}。当 La 替代量达到 0.4 以后,合金的主相不再是 Mg_2Ni 相,而是转变为(La,Mg)Ni_3 + $LaMg_3$ 相。同时发现,La 的添加还能够影响原合金的非晶形成能力,使 Mg_2Ni 型合金的非晶形成能力提高。在对合金的电化学性能研究的过程中发现,La 替代 Mg 后可以导致 Mg_2Ni 型储氢合金的吸氢动力学性能下降,但适量的 La 替代 Mg 可以显著提高合金的放氢动力学。快淬态合金的电化学放氢高倍率放电性能(HDR)随 La 替代量的增加先增加后降低,但 HDR 最大值对应的 La 含量是不同的,表明合金的储氢动力学受合金成分及结构的控制。而李志刚等人研究了 Ce 作为添加元素对 Mg_2Ni 型合金的影响,发现与 La 的作用不尽一致,如 La 对合金的电化学循环稳定性有利,而稀土元素 Ce 的添加对铸态合金的电化学循环稳定性有不利影响。这说明不同的稀土元素,以及同种元素不同含量对原合金性能的影响是不尽相同的,所以有必要在同等条件下进行比较,并分析不同稀土元素对于合金性能影响的机制,力图得到稀土添加对镁镍系合金储氢性能影响的规律,为稀土添加对镁镍系储氢合金性能改善建立理论基础。

由于球磨可起到修饰合金表面的作用，能够除去合金表面的氧化层，使合金易于活化，同时能够制备具有非晶、纳米晶特征的材料，因此将球磨工艺用于镁镍系储氢合金制备，可以进一步改善合金的储氢性能，特别是吸放氢的动力学性能，只是对于影响的机制尚不太明确，有必要进行详细的研究。

第2章 稀土储氢合金的制备

通过储氢合金的分类，能够知道储氢合金是由一类吸氢元素或与氢有很强亲和力的元素（A）和另一类吸氢量小或根本不吸氢的元素（B）共同组成。A和B可以各自是一种元素，也可以分别是由多种元素共同构成的。在实际的生产或者研究过程中发现，影响储氢合金性能的因素较多，除了合金元素种类的影响外，不同的制备过程和方法，可以影响到材料的最终组织和结构，甚至是相组成，这将会直接影响到材料的最终性能，因此，储氢合金的制备方法是影响储氢合金性能的重要因素之一。稀土元素通常都具有较高的化学活泼性等特征，在作为合金元素添加时，制备过程往往更加复杂，如必须提高真空度等。所以储氢合金特别是含稀土元素的储氢材料制备技术的选择是储氢合金研制的重要环节之一。

2.1 稀土储氢合金制备方法

2.1.1 稀土储氢合金常用原料及其基本制造方法

目前常用的几种类型的储氢合金原材料主要有混合稀土金属 Mm、Ni、Co、Ti、V、Fe、Mn、Al、Zr、B、Si、Sn 和 Cr 等。其作为原料要求纯度高一些，一般在99.9％以上，多数为电解产物。几种常用混合稀土金属的性质及储氢材料常用金属的性质和组成列于表2.1~表2.3中。

表 2.1 常用混合稀土金属的性质

金属	原子量	密度/(g/cm³)	熔点/℃	沸点/℃	燃点/℃
La	138.91	6.17	920	3460	—
Ce	140.12	6.80	798	3424	165
Pr	140.91	6.78	910	3510	290

续表

金属	原子量	密度/(g/cm³)	熔点/℃	沸点/℃	燃点/℃
Nd	144.2	7.0	1060	3070	270
Sm	150.4	7.52	1016	1800	—
Mm	139.6～141	6.5～7.0	870～950	—	—

表 2.2　储氢材料常用金属的性质

金属	原子量	密度/(g/cm³)	熔点/℃
Ni	58.7	8.9	1453
Co	58.93	8.7	1495
Mn	54.94	7.43	1244
Al	26.99	2.7	660
V	50.95	5.7～6.0	1700
Cu	63.54	8.98	1083
Zr	91.22	6.52	1830
Fe	55.84	7.87	1527
Mg	24.32	1.74	651
Ti	47.9	4.51	1660

表 2.3　储氢材料常用合金的性质

主要金属	其他成分/%			
	电解 Ni	电解 Co	电解 Mn	电解 Fe
Co	0.01	99.8	—	—
Ni	99.98	≤0.005	—	—
Fe	≤0.004	≤0.002	0.0091	99.98
Cu	≤0.004	≤0.0005	—	0.0011
Mn	—	≤0.0005	99.9	0.0001
C	≤0.003	≤0.003	0.020	0.001
S	≤0.0005	≤0.0007	0.024	0.0001
P	≤0.0001	≤0.0002	0.0009	<0.001
Si	≤0.001	—	0.021	<0.0005
Al	—	—	—	—
Zn	≤0.001	≤0.0005	—	—
Bi	≤0.0003	≤0.0003	—	—
Pb	≤0.0006	≤0.0003	—	—

从表 2.1～表 2.3 可以看出，制取储氢材料时所使用的金属纯度要求是较高的，这样可减少杂质对储氢材料性能的影响。至于何种杂质对储氢材料产生什么影响，影响到什么程度，有关研究还很少。稀土元素作为合金元素使用时，可以是单质的形式，也可以是以混合稀土的形式进行添加。为了降低成本、提高性能等，通常添加的混合稀土较多。如目前商用镍氢电池所用的负极材料 AB_5 型合金，其 A 端主要原料一般采用的就是由 La、Ce、Pr、Nd 等元素构成的混合稀土，而材料的性能与混合稀土的组成及其配比关系较大。

混合稀土金属的基本制造方法主要有熔融盐电解法、热还原法、热还原蒸馏法。而 AB 型储氢合金 A 端所用原料（以 La、Ce、Pr、Nd 为主要成分的混合稀土金属）一般是用熔融盐电解法制得的。按金属的组成，多数为 La≈30%（质量分数，下同），Ce≈50%，Pr≈5%，Nd≈15%；也有的 La 为 45%～60%，Ce<3%，Pr 为 10%，Nd≈30%。熔融盐电解法有氯化物电解法和氧化物电解法。大部分采用氯化物电解法，采用稀土氯化物-碱金属氯化物熔盐体系，它在 850～1000℃ 下具有较好的物理化学性质和电化学性质，且价格便宜。其缺点是电解电流效率较低，阳极氯气产生公害。为了克服这些缺点，20 世纪 60 年代初研究和发展了稀土氧化物在氟化物体系中制备稀土金属的工艺和设备。该方法提高了电流效率，避免了阳极气体的公害，但操作要求更严格，而且需要使用耐氟盐的材料，成本较高。所以，目前世界主要生产厂家都采用氯化物体系电解生产铈组稀土金属。氯化物体系电解时在阴极上析出稀土金属，在阳极上析出氯气。

氯化物电解时，通常用含 $6H_2O$ 的混合稀土氯化物，脱水后电解。在 1073～1173K 下，以 KCl、NaCl 等做电解质进行电解，电解过程中产生的氯气可回收，或者用碱中和后排空。氯化物电解时，因为使用的氯化物易潮解，制得的稀土金属表面易风化，生成物也呈潮湿状态，难以除去。将其用于制取吸氢合金时，渣多且会使成分产生偏差；而用于气体喷雾和熔体离心铸造（淬冷）时，喷嘴会因渣多而堵塞。用氧化物电解法制造的混合稀土金属就不会产生上述问题。

由于稀土组成对吸氢合金的特性影响较大，用于电池负极时，对电池性能亦影响较大，故使用时不是拿来什么就用什么，而是根据需要做适当调整。采用两种不同成分的稀土合金或用纯稀土金属调整，均能获得所需稀土成分。

2.1.2　稀土储氢合金的制取工艺及设备

储氢合金的制取工艺有电弧熔炼法、高频感应熔炼法、气体雾化法、熔体淬冷法、定向凝固法等。本节主要介绍几种工业及实验室常用方法。

（1）电弧熔炼法

电弧熔炼是利用电能在电极与电极或电极与被熔炼物料之间产生电弧来熔炼金属的电热冶金方法。电弧虽然既可以用直流产生也可以用交流产生，但是在使用交流电时，两电极之间会出现瞬间的零电压，加之真空条件下，两电极之间气体密度很小，容易导致电弧熄灭，所以真空电弧熔炼一般都采用直流电源。在真空状态下熔炼储氢合金，可以杜绝外界空气对合金的污染，降低合金中的含气量和低熔点有害杂质的含量，从而提高合金的纯净度，还可以克服粉末法不致密的缺点，得到致密、杂质少、含气量小的铸锭。

按照加热方式不同，电弧熔炼又分为直接加热式电弧熔炼和间接加热式电弧熔炼两类。

① 直接加热式电弧熔炼的电弧产生在电极棒和被熔炼的物料之间，物料受电弧直接加热，电弧是熔炼得以进行的唯一热量来源。直接加热式电弧熔炼有非真空直接加热式三相电弧炉熔炼法和直接加热式真空自耗电弧炉熔炼法两种。

a. 直接加热式三相电弧炉熔炼法。这是炼钢常用的方法，也就是人们通常说的电弧炉。这种炉子在冶炼时，如炼钢时可以通过造渣将炉内气氛控制到呈弱氧化性甚至还原性，而且合金成分烧损较少，加热过程比较容易调节。因此，尽管电弧熔炼需要消耗大量的电能，但工业上仍然用这种方法来熔炼各种高级合金钢。

b. 直接加热式真空自耗电弧炉熔炼法。这种冶炼方法主要被用来熔炼钛、锆、钨、钼、钽、铌等活泼和高熔点金属以及它们的合金，也用来熔炼耐热钢、不锈钢、工具钢、轴承钢等合金钢。

经直接加热式真空电弧炉熔炼出来的金属，其气体和易挥发杂质含量下降，铸锭一般不会出现中心疏松，铸锭结晶较均匀，金属性能得到改善。直接加热式真空电弧炉熔炼存在的问题是较难调整金属（合金）的成分。真空电弧炉设备费用虽比真空感应炉低得多，但比电渣炉高，熔炼费用也较之高许多。

工业或实验室熔炼储氢合金一般使用直接加热式非自耗真空电弧炉。

② 间接加热式电弧熔炼的电弧产生在两根石墨电极之间，物料被电弧间

接加热。这种熔炼方法主要用来熔炼铜和铜合金。间接加热式电弧熔炼由于噪声大、熔炼金属质量较差，正逐渐被其他熔炼方法所取代。

（2）感应熔炼法

感应电炉的熔炼工作原理是通过高频电流流经水冷铜线圈后，由于电磁感应使金属物料内产生感应电流，然后产生热量，使金属物料加热和熔化。根据使用电源的频率，工业上最常使用的是中频和高频感应熔炼法。用感应熔炼法制取合金时，一般都在惰性气氛中进行。

另外，因为熔炼材料要在坩埚内发生熔化等，所以感应熔炼法的坩埚对合金的成分有影响。工业中应用的坩埚主要包括碱性坩埚、中性坩埚和酸性坩埚，其中碱性坩埚主要由 CaO、MgO、ZrO_2、BeO 和 ThO_2 等材料制成，用于冶炼各种钢与合金；中性坩埚，则由 Al_2O_3、$MgO \cdot Al_2O_3$、$ZrO_2 \cdot SiO_2$、石墨等材料制成；而酸性坩埚，由 SiO_2 制成，多用于熔炼铸铁。储氢材料熔炼时，一般用 MgO 坩埚。

感应熔炼法制备合金操作简单，生产效率高，加热快，温场稳定且易于控制，合金成分准确、均匀、易于调节，不仅广泛应用于实验室制备各种合金，也是工业生产中比较实用的熔炼方法。其熔炼规模从几千克至几吨不等。因此它具有可以成批生产、成本低等优点，但是在熔炼活性金属时不可避免地会引入一些坩埚材料杂质。

（3）气体雾化法与熔体淬冷法

合金经熔炼后需冷却成型，如果采用随炉冷却方法生产合金，可能会导致合金成分产生明显的宏观偏析，合金的组织难以控制。因此，采用把熔体注入一定形状的锭模中，使熔体冷却固化。最早采用的锭模不是水冷的，后来发现随冷却速度加快，合金组织结构与慢冷速情况下的明显不一样，而且合金的电化学特性也有所改善，便开始采用水冷铜模或钢模。为了使冷却速度更高，采用了一面冷却的薄层圆盘式水冷模，后来又发展为双面冷却的框式模。框式模是目前大规模生产常用的、较合适的方法。但锭模铸造法对多组元的合金而言，因锭的位置不同，合金凝固时的冷却速度不一样，容易引起合金组织或组成的不均质化，冶炼的多元储氢合金的 PCT 曲线平台会变得倾斜，为了减少或消除合金凝固后易出现的组织偏析现象，常常采取气体雾化法、熔体淬冷法等方法。

气体雾化法是一种新型的制粉技术，也是储氢合金常用的一种制备方法，它分为熔炼、气体喷雾、凝固三步。将感应熔炼后的熔体注入中间包，当熔体从包中呈细流流出时，在其出口处，以高压惰性气体从喷嘴喷出，使熔体呈细小液滴，液滴在喷雾塔内边下落边凝固成球形粉末收集于塔底。气体雾化时粉粒的冷却速度为 $10^2 \sim 10^4\,\mathrm{K/s}$。这种雾化粉与锭模铸造锭经机械磨碎的同等粒径粉末相比，充填密度约高 10%，电极容量得到提高。气体雾化法的优点是直接制取球形合金粉，该法可以防止组分偏析，均化细化合金组织，缩短工艺，减少污染。此外，还有不少文献报道，普遍认为气体雾化可直接制取球状粉末，提高电极中储氢合金的充填量，避免（熔炼-破碎制备储氢合金粉末）不规则颗粒刺破隔膜，而且减少表面缺陷，从而减少粉末粉化的裂纹来源，有利于提高电极的循环使用寿命。气体雾化合金的显微图像，呈细小枝状晶组织，晶粒显著细化，使氢气扩散通道增加，改善吸放氢的动力学性能，同时在吸放氢的过程中，减少晶胞的膨胀与收缩，使合金不易粉化，提高合金的吸氢量和循环寿命。

熔体淬冷法是指在很大的冷却速度下，使熔体迅速固化的一种方法，其做法就是将熔融合金喷射在旋转的冷却辊上，形成薄带材料，冷却速度为 $10^2 \sim 10^6\,\mathrm{K/s}$。用这种方法制作的急冷薄带的质量、组织等，与辊的转速、材质，喷嘴的直径、喷射压，喷嘴前端与辊间的距离有很大关系。采用这种方法准备的材料具有宏观偏析小、组织均匀、晶粒和析出物细化、吸放氢特性好、放电容量高、高倍率放电特性优良等优点。

（4）机械合金化或机械磨碎法

机械合金化或机械磨碎法是 20 世纪 60 年代末由 J. C. Benjamin 发展起来的一种制备合金粉末的技术。其过程是用具有很大动能的磨球，将不同合金粉末重复地挤压变形，经断裂、焊合，再挤压变形成中间复合体。这种复合体在机械力不断作用下，不断地产生新生原子面，并使形成的层状结构不断细化，从而缩短了固态粒子间的相互扩散距离，加速合金化过程。由于原子间相互扩散，原始颗粒的特性逐步消失，直到最后形成均匀的亚稳结构。

机械合金化一般在高能球磨机中进行。在合金化过程中，为了防止新生的原子面发生氧化，需在保护性气氛下进行。保护气一般用氩气或氦气。同时为了防止金属粉末之间、粉末与磨球及容器壁间的粘连，一般还需加入庚烷等。球磨时容易产生热量，因此球磨桶壁应采用冷却水循环。

这种方法与传统方法显著不同，它不用任何加热手段，只是利用机械能，在远低于材料熔点的温度下由固相反应制取合金。但它又不同于普通的固态反应过程，因为在机械研磨过程中合金产生大量的应变、缺陷等，对于那些熔点相差很大，或者密度相差很大的元素，它比熔炼法具有更独特的优点。

机械合金化技术在储氢合金制备上的应用开始于 20 世纪 80 年代中期，当时用此方法成功制备了 Mg_2Ni 储氢合金，而后便在全世界范围内形成了机械合金化制备储氢合金的研究热潮。用机械合金化制备的 MH-Ni 电池用储氢合金与传统方法制备的储氢合金相比具有活化容易、吸放氢动力学性能好、高倍率放电能力强、循环寿命长和放电比容量大等优点，是制备新型储氢合金、提高储氢合金性能的有效方法。

2.2　稀土储氢合金的热处理技术

前已述及，多组分合金经电弧炉或感应熔炼炉熔炼后得到的铸锭，都会存在一定的成分偏析。为了克服这些不利影响，提高合金的吸放氢性能，合金铸锭往往采用均匀化退火的方式进行热处理，使合金均质化。处理时，为了避免氧化等因素的影响，热处理时需要在真空或者惰性气体保护下进行。热处理后，材料除了成分更加均匀外，还能够消除合金的结构应力，同时使储氢合金的 PCT 曲线平台平坦化并降低平台压，使吸氢量增加、循环寿命提高等，因此多数生产工艺中采用热处理。

2.3　稀土储氢合金的制粉技术

在工业生产中，储氢合金常用金属熔炼进行制备，除气体雾化为粉状外，其余有锭状的、厚板状的、薄片状的，这些产物都不能直接应用，必须粉碎至一定粒度。例如，作为电池负极材料用时，要求粉碎至 200 目以下。因此，工业上采用了不同的破碎方式来得到粉体材料，一般有干式球磨、湿式球磨和氢化粉碎等。

2.3.1　干式球磨制粉技术

干式球磨是指在保护性气氛中将球（或棒）与料以一定的球料比放入不锈钢制圆形桶中，以一定转速回转，使料受到球或棒的滚压、冲击和研磨而粉碎的一种方法，一般受球料比、转速和磨料时间所控制，与球或棒的不同直径配比也有关系，一般事先通过试验来确定最佳参数。操作时应先将大块合金（一般小于 30～40mm）通过颚式破碎机粗碎至 1～3mm，或先用颚式破碎机粗碎至 3～6mm，再用对滚机中碎至 1mm 左右，再进入球磨机中细碎。间歇式球磨时，一次球磨时间不宜太久，否则细粉容易结于桶壁，难以取出过筛。正确的方法应是球磨 $10\sim20$ min 过筛一次，筛出细粉后补充相应粗粒再磨，但这样操作比较麻烦，也容易污染。所以现在工业上均采用边磨边筛的磨筛机。这种球磨机分内外两层桶壁，内桶壁为多孔板，其内装球和料，其外装有一定网目的筛网，当磨至筛网目数以下时，料自动在转力下过筛，收集于盛料桶内，筛上者返回内桶中继续球磨，从而达到连续制粉的目的。这种磨筛机制粉的操作方法简单，能实现连续加料和连续出料，不易污染，生产量高。这种设备现在市场上已有定型产品出售，可根据产量进行选用。

2.3.2　湿式球磨制粉技术

湿式球磨与干式球磨的不同之处，在于球磨桶内不是充入惰性气体，而是充入液体介质，即水、汽油或酒精等。球磨机一般采用立式搅拌的方式，即由搅拌桨带动球和料在桶内转动，通过球料间碰撞、研磨而使料粉碎的一种方法。其球磨强度也受搅拌速度、球料比、球径大小配比和球磨时间等控制，需通过事先试验找出合适的参数。操作步骤也和干式球磨一样，需将合金块粉碎至 1mm 左右放入，经一定时间磨碎后，以浆料的形式放出澄清或过滤，直接用于负极调浆或真空烘干待用。实践证明，这种方法制得的粉末氧含量与干法完全一致，用水作介质不会引起储氢材料的氧化。水磨法制粉工艺简单，不会出现粘壁现象，而且无粉尘污染，还能去除超细粉和部分锭表氧化皮，从而提高电极性能。其缺点是如果以合金粉出售，需要过滤（或者澄清）烘干，增加设备投资和成本，但如果直接用于负极调浆，则较为方便。

2.3.3　合金氢化制粉

合金氢化制粉法是较早应用的一种方法。它是利用合金吸氢时体积膨胀，放氢时体积收缩，使合金锭产生无数裂纹和新生面，促进氢的进一步吸收、膨胀、碎裂，直至氢饱和为止。这样，根据粒度要求，只需 $1\sim2$ 个循环，便可使 $30\sim40$ mm 的大块合金粉碎到 200 目以下。

氢化时将合金块分开装入铝盒再放入高压釜中，密封抽空至 $1\sim5$ Pa，通入 0.1MPa 高纯氢气置换 $2\sim3$ 次后，通入 $1\sim2$ MPa 高纯氢气（99.99%），合金便很快吸氢，直至氢压为 0，再通入 $1\sim2$ MPa 氢气，如此反复直至饱和为止，然后升温 150℃，同时抽空 15min 左右，排除合金中的氢气。如此反复 $1\sim2$ 次后抽空充氩，冷却至室温后出炉。合金氢化制粉过程需要注意：首先，合金块必须分盘装入铝盒，以免吸氢时放热量过于集中，同时高压釜外应用循环水冷却，以利散热；其次，最后一次放氢时应尽量将合金中的氢气排除干净，并在保护气（一般为 Ar）下冷却，以免后续操作时，包括过筛、分装甚至应用时发生自燃；再次，一旦出现合金粉发热，应立即采取冷却措施，防止继续升温而自燃；最后，氢化粉的操作应在氩气保护的手套箱中进行，千万不要在流动的通风柜中操作，否则会很快燃烧殆尽，不可收拾。

氢化制粉的优点是操作简单，研究表明，氢化粉制得的 MH 二次电池的容量高于球磨制粉的 $10 \sim 20 mAh/g$，活化也较快。其缺点是需要耐高压设备，氢排出不干净时，容易发热，不利于大规模应用。

2.4 稀土储氢合金的表面处理

稀土储氢合金作为储氢材料，其特性有整体性质和表面性质。例如储氢容量、反应生成焓是典型的整体性质。这些性质主要取决于合金体的组成成分和晶体结构。而有些性质如活化、钝化、在电解液中的腐蚀和氧化、电催化活性、高倍率放电能力以及循环寿命基本上是表面性质，主要取决于合金的表面特性。合金的表面特性严重地影响合金以及电极的整体性质，因此人们研究了很多措施来改善合金粉的表面特性，即我们常说的表面处理技术。其目的在于改变合金的表面状态，从而改变合金的有关动力学性质，使合金的固有性能得以充分发挥。

一般认为储氢合金性能的恶化主要有两种模式：一是储氢合金的微粉化及表面氧化扩展到合金内部；二是在储氢合金表面形成钝化膜，使合金失去活性。对合金粉进行表面改性处理是提高合金或电极性能的一种有效手段。其优点是在不改变储氢合金整体性质的条件下，通过改变合金的表面状态从而提高合金或电极的性能。

合金表面层在吸放氢的过程中发挥着重要作用。在气固反应中，由于储氢合金的表面催化作用，气体在合金表面解离成氢原子，氢原子向合金内部扩散，并吸藏在金属原子间隙中。当体系升温时，氢又被释放出来。反复吸放氢，合金体积发生反复膨胀和收缩，最终导致微粉化，这时合金的热传导性能降低，反应热的扩散就成了控制反应的步骤，因此表面导热性也就很重要了。另一方面，当储氢合金用作电池电极时，在回路中施加电压、电流，电解液中的水在合金表面分解成氢原子，氢原子向表面内部扩散并被吸收。当通以反向电流时，氢被释放出来并被氧化成水。由于电子是通过合金表面这一传播媒介传导给电解液的，因此，具有良好电子传导性的表面，就成为制约电极反应的重要因素。另外，在碱性电解液中，合金表面易被腐蚀，因此，合金表面的抗腐蚀能力也就决定了合金的使用寿命。综上所述，改善合金表面的导电性、催化活性、氢扩散性、耐腐蚀性以及热传导性等是制备优秀储氢合金的重要考量因素。

表面处理是对合金表面进行化学处理或者物理处理。目前所研究的合金表面处理方法主要有：合金表面包覆金属膜处理、碱处理、氟化处理、酸处理、储氢合金表面机械合金化处理等。

2.4.1　表面包覆金属膜

表面包覆金属膜，就是在合金粉粒表面用化学镀方法镀上一层多孔的金属膜，以改善合金粉的电子传导性、耐腐蚀性和热导率，包覆的材料一般为 Ni、Cu 或 Co 等。包覆后的合金对改进合金电极的性能非常有效。其应用于密封可充电电池中有以下作用：①表面包覆层作为微电流集流体，改变了合金表面的导电和导热性，提高了合金的充放电效率，加快了储氢合金电极的初期活化；②作为阻挡层对合金起保护作用，防止合金的粉化和氧化，提高合金的循环寿命。例如，许剑铁等人以 A_2B_7 型储氢合金 $La_{1.5}Mg_{0.5}Ni_{6.5}Co_{0.5}$ 为对象，在不同反应温度下对合金粉末进行化学镀镍。所用试剂及浓度为：硫酸镍 40g/L；柠檬酸钠 45g/L；氯化铵 40g/L；次亚磷酸钠 25g/L。在中速搅拌下，pH＝7.5 时进行反应。用次磷酸二氢钠作还原剂的化学镀镍包括以下过程：

$$H_2PO_2^- + H_2O \Longrightarrow HPO_3^{2-} + H^+ + 2H \tag{2.1}$$

$$Ni^{2+} + 2H \Longrightarrow Ni + 2H^+ \tag{2.2}$$

$$2H \Longrightarrow H_2 \tag{2.3}$$

$$H_2PO_2^- + H \Longrightarrow H_2O + OH^- + P \tag{2.4}$$

次磷酸二氢钠被催化分解放出氢原子，氢原子再将 Ni^{2+} 还原为金属镍并沉积在合金粉表面上。但储氢材料也会同时发生吸放氢过程，合金可能继续粉化，造成镀层不匀。与未包覆相比，包覆后合金电极的循环寿命在一定程度上均好于未包覆的合金，同时包覆后合金电极的活化性能、高倍率放电性能、交换电流密度和氢的扩散速率均得到明显提高，且随着反应温度的升高而增大。而后他们采用酸性浸镀包覆铜法对该合金表面化学镀铜，结果表明，化学镀铜能有效地提高储氢合金电极吸放氢过程的动力学性能。C.Iwakura 等人研究了化学镀铜、Ni-P、Ni-B 对 $MmNi_{3.6}Mn_{0.4}Al_{0.3}Co_{0.7}$ 合金放电容量、电催化活性和快速放电能力的影响，发现合金包覆后容量增加，尤以包 Cu 最佳，Ni-P 也较好，Ni-B 次之。包覆后交换电流密度增加，快速放电能力亦有增加。他们用 SEM（扫描式电子显微镜）观察了镀层表面形貌，发现化学镀层以半球形部分地包覆在储氢合金的表面，储氢合金靠化学镀层相互联系在一起，说明化学镀层主要作为微集流体，改善了储氢合金的活性物质利用率。

总之，以上这些研究表明化学镀层对储氢合金的实际应用有很多优点。但是在实际生产中也带来了一些不可克服的问题。如，采用化学镀处理工艺，其过程增加了不少工序、设备，还要使用一些昂贵的试剂以及对人体和环境不利的试剂，相对成本较高，操作也较麻烦；包覆时，从还原剂上产生氢气，使镀液溢出，同时发生镀液冒烟，在有着火源的场合有爆炸的危险，必须有特殊的排气设备；另外，还原的铜不但镀在合金粒上，还可能镀在容器内壁及搅拌器具等接触部分，因此这种方法对吸氢合金的镀量不易控制，消耗多余试剂，从容器及器具上清除镀层也很麻烦。

2.4.2 储氢合金的碱处理

碱处理也是改善合金的电化学性能和动力学性能的重要手段。碱处理时，碱液浓度、温度和处理时间是影响处理效果的重要参数，而碱液中掺入还原剂、氧化剂、螯合剂、氢氧化物等也为碱处理带来不同效果。一般认为，通过浓碱高温处理可以改善合金的动力学性能，提高高倍率放电能力和改善合金电极的循环寿命。

碱处理操作比较简单，通常是将磨细至一定粒度的合金粉浸入高温浓碱中，不定期搅拌，浸渍一定时间后用去离子水洗净碱液，然后干燥即可。例如，M. Ikoma 等人对 $Mm(NiMnAlCo)_5$ 合金在相对密度为 1.3 的 KOH 溶液中，于 80℃ 下进行碱处理，发现碱处理后，合金表面形成棒状和鳞片状颗粒。分析证明，棒状颗粒是 La 或 Ce 的化合物，而鳞片状颗粒是 Mn 的化合物。碱处理后，由于 Mn 和 Al 首先溶解并黏附于合金表面，处理后的合金稀土氢氧化物和锰氧化物大量存在于表面而形成厚层，Ni 和 Co 在表层附近仅以金属态少量存在，从而导致合金表面 Mn 和 Al 含量增加，而 Co 含量减少。在碱处理的开始阶段侵蚀反应迅速进行，侵蚀至一定深度后便停止。碱处理后形成的稀土氧化物可以起到防止进一步腐蚀的屏障作用。试验证明，虽然 Co 含量高的合金抑制了粉碎，但如果不进行碱处理，其循环寿命还是很短的。这表明，碱处理在合金表面引起的结构变化增强了抗腐蚀性，并抑制了负极容量的变化。而通过碱处理，随着合金中 Co 含量的增加，合金的循环寿命明显增加。

2.4.3 储氢合金的酸处理

储氢合金酸处理也是表面改性的主要手段之一。合金粉经酸处理以后，除去了合金粉表面的稀土类浓缩层，表面化学成分、结构和状态均会发生变化，使得合金粉表面变得疏松多孔，比表面积增大，并引入新的催化活性中心。这对储氢合金的早期活化和提高容量十分有利。而且，表面除去富稀土层的合金，在充放电循环时，很少生成不导电的稀土类氧化物，有利于提高电极的循环寿命。目前常用的酸有盐酸、硝酸、甲酸等有机及无机酸溶液或者酸和盐配制的缓冲溶液。

酸处理的优点是温度低，在常温下就可迅速反应；时间短，十几分钟就可完成；设备简单、操作方便；酸浓度极低，不污染环境，是一种很有前途的表面处理方法。例如，郭靖洪等人用甲酸和甲酸与氨水的混合体系处理储氢合金，结果发现在合金表面形成了富金属 Ni 和 Co 催化层。富镍层有利于催化电池充电后期正极所产生的氧气趋于离子化的反应，这种离子化氧原子较易与水反应生成 OH^-，不会渗入到储氢合金内部去氧化合金中的其他金属元素，从而提高了合金的耐蚀性，同时也增加了合金的比表面积，提高了合金电极在碱液中的电化学反应速率和抗氧化能力，促进了氢原子在合金本体中的扩散，改善了储氢合金高倍率放电能力，提高了 Ni/MH 电池的充放电循环寿命及放电能力。

2.4.4 储氢合金的氟化处理

在合金表面形成氟化物的方法是 1991 年被发现的。氟化处理是指合金在氢氟酸或者含氟溶液中被处理，从而使合金表面能形成氟化物。以 $LaNi_5$ 为例。

$$HF_2^- \rightleftharpoons HF + F^- \tag{2.5}$$

$$HF \rightleftharpoons H^+ + F^- \tag{2.6}$$

$$La^{3+} + 3e^- + 3H^+ + 3F^- \rightleftharpoons LaF_3 + 3H \tag{2.7}$$

氟化过程中的重要现象之一就是在处理液中发生氢化反应，形成氢化物，并在表面层产生微细的裂纹，在其周边也形成氟化物。氟化物层具有复杂的形状，有利于比表面积的增大和颗粒细化，促进氢透过点的增加。另外，这层氟化物也担负着保护表面，防止水、空气、碳酸气及一氧化碳等杂质的侵害作用，对分子和离子态氢可选择性地透过，发挥位于其下层的富镍层上的单原子化的效果。

F.J. Liu 等研究发现，经 HF 等氟化物溶液处理后，合金微粒表面覆盖了一层厚度为 $1 \sim 2\mu m$ 的氟化物层，在氟化物层下的亚表面则是一层电催化活性良好的富镍层，直接影响到合金电极的活化性能、氢吸附性与电催化性能。经氟化物溶液处理后，合金的活化性能、高倍率放电性能及循环稳定性均能得到一定改善。张继文等以 $La_{1.8}Ca_{0.2}Mg_{14}Ni_3$ 为研究对象，系统地研究了 NH_4F 溶液处理对合金吸放氢性能的影响，发现氟处理对 $La_{1.8}Ca_{0.2}Mg_{14}Ni_3$ 合金的初次吸氢性能有很大的影响，处理的合金在 300K、4.0MPa 下能部分吸氢，在 20min 内就能达到 1.92%（质量分数）。

总的来说储氢合金的氟化处理可以增大其储氢反应的比表面积，改善其表面电负性，是一种可行的表面处理方法。

2.4.5　其他表面处理方法

以上所述几种方法均是对储氢合金粉体进行表面处理的方法。在实际应用中人们也常采用对负极进行处理的方法，即直接对已成型的储氢合金负极实施表面处理。

D.Y. Yan 等人对用含联氨（$N_2H_4 \cdot H_2O$）的碱液处理的 $LaNi_{4.7}Al_{0.3}$ 合金电极进行了研究。将该合金粉与 5%（质量分数）的聚四氟乙烯粉（PTFE）和 25%（质量分数）的 Ni 粉混合，将混合粉压于两片 Ni 丝网之间制成电极，然后将电极浸入含联氨的 KOH 或 NaOH 溶液内。如在含 5%（体积分数）$N_2H_4 \cdot H_2O$ 的 6mol/L 溶液中，于 50℃ 下处理 2h，然后用纯水洗涤至 pH=7 后干燥。结果认为，碱液中联氨浓度、温度和处理时间都明显地影响合金电极的起始活化过程。在最佳处理条件下，电极的放电比容量第一个循环就达 271mAh/g，为最大容量的 96.1%，第 2 个循环的放电比容量已达最大；不同温度的试验表明，在高于室温下处理，如 50℃ 下处理可得到较好的结果；在浓碱液中处理 $1 \sim 2h$ 是合适的，但在稀碱液中处理时间需长一些；更高浓度的 $N_2H_4 \cdot H_2O$ 溶液不能促进活化过程，用含 N_2H_4 的 6mol/L KOH 溶液比单一 KOH 溶液处理的放电容量要高；在 N_2H_4 处理过程中，合金大量吸氢，因为 N_2H_4 在合金的催化作用下，分解成气态 N_2 和原子氢，化学吸附于电极表面上，原子氢穿过表面层并扩散入合金晶格的间隙位置，形成金属氢化物。处理后 La 以 La(OH)$_3$ 的形式存在于合金表面，Ni 以金属态存在于亚层。强还原剂联氨在一定程度上可保持细 Ni 原子团的活性。因此，N_2H_4 处理的合金电极具有高起始容量和在快速充放下的低极化。该法可用于 AB_5、A_2B、AB_2 以及几乎所有的储氢材料。

Dong-Myung Kim 等人报道了 AB_2 型 $Zr_{0.7}Ti_{0.3}Cr_{0.3}Mn_{0.3}V_{0.4}Ni_{1.0}$ 合金的热充电处理。将电极浸在 30%KOH 溶液中，控制温度在 50～80℃ 范围内，同时以 50～300mA/g 的充电电流密度充 2～8h。当处理的电极冷却后，以 25mA/g 电流放电测定热充电处理时的充电量。为了使热充电条件优化，对不同温度和充电电流密度、时间进行了比较。结果认为，最佳条件为 80℃、50mA/g、8h。在这种条件下处理的合金电极在第一个充放电循环后就被完全活化，起始放电比容量随处理时间逐渐增加，处理 8h 后达最大容量。另外还对未处理电极，80℃ 下热碱处理 8h 的电极以及 80℃、50mA/g 下热碱中充电处理 8h 的电极进行了比较。结果表明，未处理电极和热碱处理的电极分别在 30 个循环和 20 个循环后才完全被活化。而热充电处理的电极，在第一个循环后就显示出 350mAh/g 的高容量。由此可见，充电和溶液温度对活化起着关键作用。

电极的热充电处理，不仅导致其体积膨胀而形成新表面，而且由于组成元素的部分溶解，在合金表面形成富镍区，电位向负方向偏移而形成还原气氛，因此 $Zr_{0.7}Ti_{0.3}Cr_{0.3}Mn_{0.3}V_{0.4}Ni_{1.0}$ 电极的活化性质大大改善，而且表现出很高的高倍率放电容量。

以上介绍了储氢合金的各种表面处理方法，有的已在工业上应用，有的还处于实验研究阶段。这些方法对提高合金表面的导电性、催化活性、氢扩散性以及耐蚀性均有促进作用。这对于加快合金的活化、改善合金的快速充放电性能、延长合金的循环寿命是很有利的。各工艺有各自的优缺点，可酌情选用。

2.5　储氢合金粉的包装

储氢合金制粉后，应立即包装，以免暴露在空气中遭受空气和潮湿气氛的侵害。储氢合金粉一般采用铝塑复合真空包装袋包装，然后按箱或桶装入结实的瓦楞纸箱（短途运输）或铁桶内（长途运输），并用包装带捆扎牢固，防止运输途中破损，不用时应保存在通风良好的干燥地方。一次用不完的料应立即用真空封装机重新封装，或放入真空干燥器中保存。

Mg$_2$Ni 型储氢合金自20世纪60年代末被发现以来，一直是储氢合金中的研究热点，这不仅是因为它具有储氢量大、资源丰富和价格低廉的优势，同时还因为它与单质 Mg 相比大幅度降低了吸放氢温度，明显改善了合金的吸放氢动力学性能。然而，它距离实际应用还有差距，主要表现为吸放氢温度还需进一步降低，动力学性能还要进一步改善等。通过第1章的概述可知，在众多以改善合金性能为目的处理方式方法中，合金化的方法一直被认为是最为有效的方式之一，如采用 Ca、Al、稀土等对合金 A 侧 Mg 的替代，或者采用 Mn、Cr、Fe 等对 B 侧的 Ni 的替代，都取得了一定的效果。笔者所在课题组则采用 Cu 替代 Ni 的办法制备了 Mg$_{24}$Ni$_{10}$Cu$_2$ 合金，研究后发现快淬态的合金具有较好的电化学性能。为了进一步探索合金化对 Mg$_2$Ni 型储氢合金性能的改善作用，在课题组前期工作的基础上，采用了稀土添加的办法制备了含有三种稀土的 Mg-Ni 系合金，并详细研究了不同种类的稀土添加对合金的相组成、微观结构、电化学及气固储氢行为的影响。

3.1 合金的成分设计与检测

为了了解不同稀土元素添加对 Mg-Ni 合金储氢性能的影响，在实验室设计了含 Y、Sm、Nd 和无稀土添加的四种 Mg-Ni 合金，其设计成分见表 3.1。之后，通过真空感应熔炼法制备出表 3.1 中所列的四种合金铸锭，并在每种合金铸锭不同区域取样，借助 ICP（光谱分析仪）进行成分测试，实测结果见表 3.2。对比表 3.1 和表 3.2 可以看出合金的实际成分与设计成分基本一致，满足实验用合金的成分要求。

表 3.1　实验合金的设计成分表　　　　　　　　　单位：%

合金	Mg	Ni	Cu	Y	Sm	Nd
$Mg_{24}Ni_{10}Cu_2$	45.9	43.9	10.2	—	—	—
$Mg_{23}YNi_{10}Cu_2$	41.0	43.0	9.2	6.8	—	—
$Mg_{23}SmNi_{10}Cu_2$	39.0	41.6	9.0	—	10.4	—
$Mg_{23}NdNi_{10}Cu_2$	38.0	42.4	9.3	—	—	10.3

表 3.2　实验合金的实测成分表　　　　　　　　　单位：%

合金	Mg	Ni	Cu	Y	Sm	Nd
$Mg_{24}Ni_{10}Cu_2$	45.0	45.2	9.8	—	—	—
$Mg_{23}YNi_{10}Cu_2$	42.1	42.3	9.2	6.4	—	—
$Mg_{23}SmNi_{10}Cu_2$	40.3	40.5	8.8	—	10.4	—
$Mg_{23}NdNi_{10}Cu_2$	40.5	40.7	8.8	—	—	10.0

3.2　Y、Sm、Nd 对镁镍系合金相组成及微观结构的影响

3.2.1　$Mg_{24}Ni_{10}Cu_2$ 合金相组成及微观结构

为了了解合金的相组成，将合金粉末通过 X 射线粉末衍射仪（XRD，Panalytical X'pert ProPowder）进行了测试。测试条件为 Cu 靶，经石墨滤波，以连续扫描的方式采样，因试样较多，在测试时使用参数会有所不同，总的来说扫描范围在 2θ（10°～100°）以内，速率 1～6(°)/min。将测试数据用软件处理分析，部分数据还用 Maud 软件进行了 Rietveld 全谱拟合精修处理，获取合金的相组成、相含量以及结构参数等详细信息。需要说明的是，本书中的 XRD 测试条件是一致的。

图 3.1 为 $Mg_{24}Ni_{10}Cu_2$ 铸态合金的 XRD 图谱及 Rietveld 拟合图谱，其全谱拟合结果见表 3.3。从中不难发现该合金由占合金总量 94.2% 的 Mg_2Ni 相和 5.8% 的 Mg 相组成，但是结果中没有发现 Cu 相或者 Cu 单质存在，说明 Cu 元素溶入了 Mg_2Ni 相或者单质 Mg 相中。图 3.2 为 Mg-Cu 二元相图，通过该相图发现 Cu 元素不能在 Mg 中溶解，这说明合金中的 Cu 进入了 Mg_2Ni 相中。另外依据 PDF-75-1250，发现 Mg_2Ni 相是具有密排六方结构的晶体，晶格常数 $a=b=5.205\text{Å}$，$c=13.236\text{Å}$，$V=310.5\text{Å}^3$，而此次的实测结果为：$a=b=5.216\text{Å}$，$c=13.354\text{Å}$，$V=314.61\text{Å}^3$，与标准卡片对比发现晶格常数

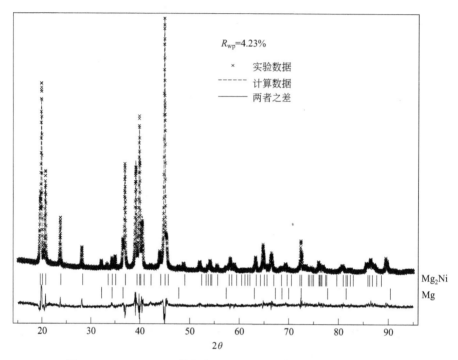

图 3.1　$Mg_{24}Ni_{10}Cu_2$ 铸态合金的 XRD 图谱及 Rietveld 拟合图谱

明显变大，体积也发生了膨胀。结合实验结果中没有发现含 Cu 相这一事实，同时考虑到 Cu 和 Ni 在元素周期表中的位置相邻，又同属面心立方结构，性质相近，两者能够形成无限互溶体的情况，认为 Cu 元素全部溶入 Mg_2Ni 相中，而变为 $Mg_2(Ni,Cu)$ 相，实现了 Cu 对 Ni 的替代。

表 3.3　铸态 $Mg_{24}Ni_{10}Cu_2$ 合金的 XRD 拟合结果

相	空间群	晶格常数/Å	体积/Å³	含量/%	R_{wp}/%
Mg_2Ni	$P6_222$	$a=5.2158$	314.61	94.15	4.26
		$c=13.3536$			
Mg	$P6_3/mmc$	$a=3.2118$	46.588	5.85	
		$c=5.2150$			

在第 1 章中，借助 Mg-Ni 合金的二元相图（图 1.5）分析了 Mg-Ni 合金的结晶过程，认为当原子比 Mg：Ni＝2：1 时，在平衡结晶的条件下，合金中会首先出现少量的 $MgNi_2$ 相，之后，大量的 Mg_2Ni 相会以先共晶相的方式析出，在 506℃时余下的液体将发生共晶反应生成 $Mg+Mg_2Ni$。在实际的浇注

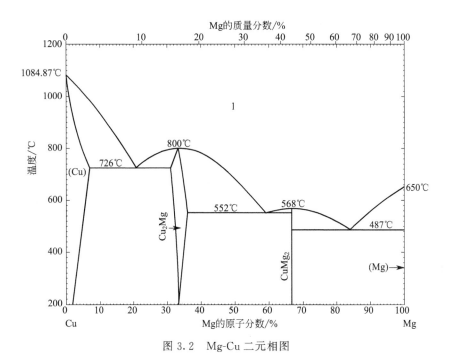

图 3.2　Mg-Cu 二元相图

过程中，由于是铜模浇注，冷却速率较快，铸态合金的结晶过程可能会偏离平衡状态，直接生成 Mg_2Ni，而不是首先生成少量的 $MgNi_2$ 相。

　　为了了解合金微观组织，我们主要通过 Olympus OLS4000 激光共聚焦显微镜（LCSM）、FEI-QUANTA 400 扫描电子显微镜和 Zeiss 300 场发射扫描电子显微镜对合金进行微观形貌观察，部分样品在扫描电子显微镜观察时，还使用了能谱仪（EDS）进行分析。需要说明的是本书所涉及的合金组织的观察方式一致，后面不再赘述。

　　图 3.3 为 $Mg_{24}Ni_{10}Cu_2$ 合金的铸态组织形貌。从图 3.3(a) 中可以看出，$Mg_{24}Ni_{10}Cu_2$ 合金的铸态组织为典型的树枝晶，枝干主要是由以先共晶方式出现的 Mg_2Ni 相组成，其一次晶轴宽度大约为 $40\sim50\mu m$，但是其长度却较长，甚至超出了拍照视野，至少 $1200\mu m$，同时存在长度不足 $200\mu m$ 的二次晶轴。图 3.3(b) 是对图 3.3(a) 的局部进行放大后的照片，可以看出，在二次晶轴间存在黑白相间的共晶组织，通过前面对相图的分析可知，该组织是在液体结晶的后期，余下液体以共晶反应形成的 $Mg+Mg_2Ni$ 共晶组织，这与相图分析的结果相一致。通过组织观察及 XRD 分析，均未发现 $MgNi_2$ 相，说明金属液体在以非平衡状态结晶时，没有形成 $MgNi_2$ 相。

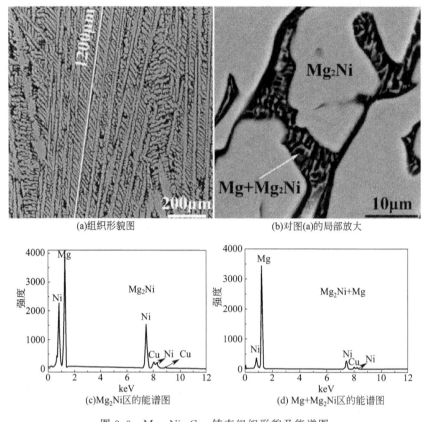

(a)组织形貌图　　　　　　　　　(b)对图(a)的局部放大

(c)Mg₂Ni区的能谱图　　　　　　(d) Mg+Mg₂Ni区的能谱图

图 3.3　$Mg_{24}Ni_{10}Cu_2$ 铸态组织形貌及能谱图

表 3.4　铸态组织的能谱结果

组织	各元素含量/%(体积)			Cu : Ni
	Mg	Ni	Cu	
Mg₂Ni	68.1	27.0	4.9	18%
Mg+Mg₂Ni	87.8	10.1	2.1	21%

　　为了进一步验证上述的分析过程，对合金中具有不同衬度的区域进行了能谱分析，结果见图 3.3(c)、(d) 及表 3.4。能谱的结果进一步证实了前述分析的正确性，同时发现 Cu 与 Ni 的原子比接近 0.2，这与冶炼时原料的配比是一致的，证实 Cu 元素被完全用来替代 Ni 元素，形成了 $Mg_2(Ni,Cu)$ 相。

3.2.2　Y、Sm、Nd 对 $Mg_{24}Ni_{10}Cu_2$ 合金相组成及微观结构的影响

　　图 3.4 为不同种类稀土（Y，Sm 和 Nd）添加前后铸态合金 XRD 图谱的对比。从中能够看出合金的衍射峰十分尖锐，说明合金具有明显的晶体特征。添加

稀土后合金 XRD 图谱的衍射峰不仅保持了铸态合金未添加稀土时的特征，同时出现了一些新的变化。首先是原 Mg_2Ni 相衍射峰保持不变，每个衍射峰也都保留了 Mg 单质峰，但与未添加稀土时相比，Mg 的衍射峰变弱，特别是添加 Nd 的合金，几乎看不出 Mg 相的衍射峰。而稀土添加后出现的最大变化是三种稀土添加合金中都有新相产生，均出现具有 C15b 型拉弗斯相——$REMgNi_4$（RE 为 Y，Sm，Nd）相。除此以外，添加 Nd 的合金中还出现了 Mg_3Nd 相。

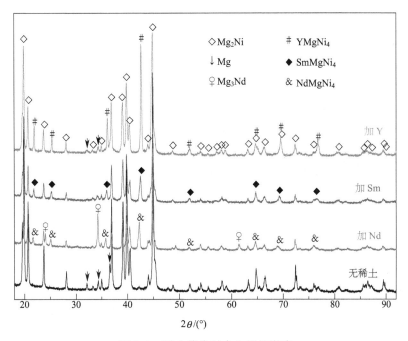

图 3.4　稀土替代对合金相的影响

同时，为了了解稀土添加后合金相的含量及相结构参数的变化，对稀土添加后合金的 XRD 数据进行了 Rietveld 全谱拟合，结果见图 3.5 及表 3.5。从中可以看出，当有稀土加入合金时，虽然合金的主相仍然是 Mg_2Ni，但组成合金中相的比例发生了明显的变化。当 Y 添加到合金中时，合金主相 Mg_2Ni 的含量由未添加稀土时的 94.2% 降低到 75.0%，而 Mg_2Ni 相是合金的吸氢主相，它的降低必然会降低合金的储氢量。与 Y 的添加稍有不同，Sm 和 Nd 的添加对 Mg_2Ni 相含量变化影响较小。通过对比表 3.3 和表 3.5，可以看出无论是何种稀土元素的添加都会导致 Mg_2Ni 相的晶格常数 a 和 c 增加，晶胞体积膨胀。特别是 Y 的加入，对 Mg_2Ni 的晶格常数影响显著，其中 a 从 5.2158Å 增加到 5.2248Å，c 则从 13.3536Å 增加到 13.4006Å，体积则由 314.61Å^3 增加到 316.802Å³，膨胀了 0.70%。而分别添加了 Sm 和 Nd 后，Mg_2Ni 相的体积分别是 315.628Å³ 和 315.514Å³，各自只膨胀了 0.32% 和 0.29%，明显小于 Y 添加后 0.70% 的变化量。通过上面的分析可知，因 Cu 元素对 Ni 元素的替代，导致未添加稀土的铸态合金的 Mg_2Ni 相的晶格常数增加，当稀土元素加入后晶格常数变得更大，说明 Mg_2Ni 相中有更多的元素（如 Cu 或者是稀土元素等）溶入其中。

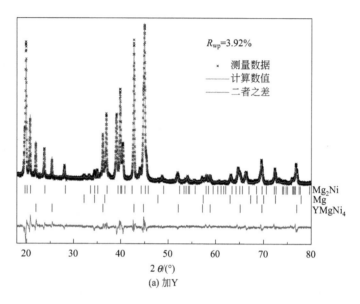

(a) 加Y

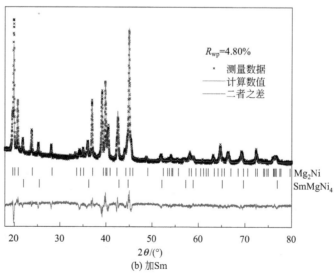

(b) 加Sm

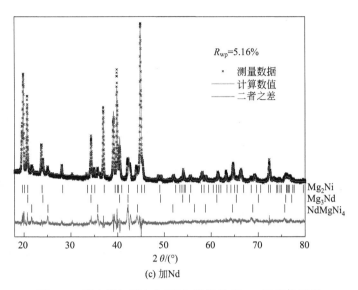

图 3.5　稀土添加后合金 XRD 数据的 Rietveld 拟合图谱

表 3.5　Y、Sm、Nd 添加后合金的 Rietveld 全谱拟合结果

添加元素	相	空间群	晶格常数 /Å	体积 /Å³	含量 /%	R_{wp} /%
Y	Mg_2Ni	$P6_222$	$a=5.2248$	316.802	75.04	3.92
			$c=13.4006$			
	Mg	$P6_3/mmc$	$a=3.2093$	46.474	2.51	
			$c=5.2103$			
	$YMgNi_4$	$F\bar{4}3m$	$a=7.0234$	346.457	22.45	
Sm	Mg_2Ni	$P6_222$	$a=5.2208$	315.628	90.23	4.80
			$c=13.3716$			
	$SmMgNi_4$	$F\bar{4}3m$	$a=7.0487$	350.209	9.77	
Nd	Mg_2Ni	$P6_222$	$a=5.2203$	315.514	89.49	5.16
			$c=13.3694$			
	$NdMgNi_4$	$F\bar{4}3m$	$a=7.0473$	350.003	4.98	
	Mg_3Nd	$F\bar{4}3m$	$a=7.3840$	402.593	5.53	

　　图 3.6 是稀土添加后合金的显微组织。从中可以看出，稀土添加后合金的基体组织没有发生明显的改变，还是以树枝晶为主的组织结构，只是在稀土添加后树枝晶的晶间距离明显减小，说明稀土的添加有助于细化晶体的组织结

构。除此以外，添加了稀土的三种合金中，基体组织上都有不均匀分布的白色组织，结合前面的相分析，能够得出此白色组织应该是由 $REMgNi_4$ 相所构成的新组织。

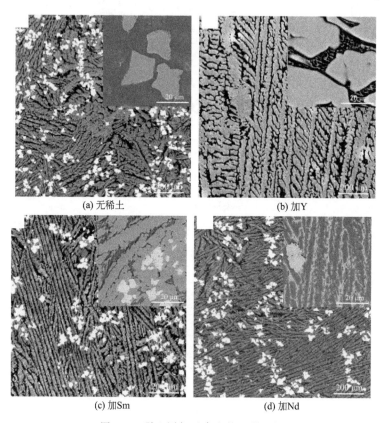

(a) 无稀土　　　　　　　　(b) 加Y

(c) 加Sm　　　　　　　　(d) 加Nd

图 3.6　稀土添加后合金的显微组织

表 3.6　Y、Sm、Nd 添加后合金的不同区域的能谱分析结果

添加元素	区域	各元素含量/%（体积）				Cu：Ni
		Mg	Ni	Cu	Y/Sm/Nd	
Y	A	69.7	24.3	5.9	0.1	24%
	B	17.4	60.7	5.0	16.9	—
	C	89.9	6.5	1.5	2.1	—
Sm	D	69.6	25.4	4.7	0.4	19%
	E	31.0	58.8	4.8	5.4	—
Nd	F	70.9	24.5	4.2	0.3	18%
	G	34.7	57.3	4.4	3.7	—
	H	71.9	21.1	5.5	1.5	—

(a) 无稀土 (b) 加Y

(c) 加Sm (d) 加Nd

图 3.7 稀土添加后合金的背散射照片

为了分析合金组成相的分布情况，采用 SEM 观察了稀土添加前后的四种合金粉末，获得了背散射照片（图 3.7）并进行了能谱分析（表 3.6）。从中可以看出，添加稀土后合金组织中存在灰色和白色两种明显不同衬度的组织，其中添加 Y 的图 3.7(b) 和添加 Nd 的图 3.7(d) 还存在少量深灰色组织。白色组织的形貌具有明显的不规则性，外形多带有尖锐棱角，且镶嵌于灰色组织的内部。结合前面的相分析，可以判断灰色区的组织是由 $Mg_2(Ni,Cu)$ 相构成的，而白色组织是由 $REMgNi_4$ 相构成的，图 3.7(b) 中少量深灰色组织则是 Mg，而图 3.7(d) 中少量深灰色组织则是由 Mg_3Nd 相构成。

通过表 3.6 的结果分析可知，添加了 Y 的 A 区，添加了 Sm 的 D 区和添加了 Nd 的 F 区，在图中展现为大块的灰色区域，如果将 Cu 作为 Ni 的替代元素来看，其组成的原子比 Mg：(Ni+Cu) 约为 2.3，接近 2，说明该区域是 $Mg_2(Ni,Cu)$ 相。同时该区域基本没有稀土成分，说明稀土在 Mg_2Ni 相中无溶解。但需要注意的是表 3.6 中还给出了不同稀土添加后，$Mg_2(Ni,Cu)$ 相中的 Cu 与 Ni 的原子组成比值，发现 Y 添加后形成的 $Mg_2(Ni,Cu)$ 相中 Cu 和 Ni 的原子比达到了 0.24，这超出了合金冶炼时 Cu：Ni＝0.2 的成分配比。而 Sm 和 Nd 添加时，$Mg_2(Ni,Cu)$ 相中 Cu 和 Ni 的原子比在 0.19 左右，接近冶炼时的成分配比。这说明 Y 的添加促进了 Cu 元素对 Mg_2Ni 相中 Ni 元素的替代，其主要原因在于 Y 添加后，生成了需要更多 Ni 元素的 $YMgNi_4$ 相，影响了后续 Mg_2Ni 相结晶过程中的成分起伏。Ni 的缺乏，使 Cu 元素有更多机会参与 Mg_2Ni 相的结晶过程。另外稀土添加后，尽管都有 $REMgNi_4$ 相生成，但其成分分析结果却存在着明显的不同。通过表 3.6 可以得到，图 3.7(b) 所示添加 Y 形成的合金组织中 B 处的成分原子比为 Y/Mg/(Ni＋Cu)＝16.9/17.4/65.7，基本接近 1/1/4，也就是说符合 $YMgNi_4$ 的原子构成。然而添加 Sm 或 Nd 形成的 $REMgNi_4$ 却不符合其原子比的构成，添加 Sm 时的原子比 Sm/Mg/(Ni＋Cu)＝5.4/31/63.6，添加 Nd 时的原子比 Nd/Mg/(Ni＋Cu)＝3.7/34.7/61.7，两者都不符合 $REMgNi_4$ 相的原子构成，但若将稀土和 Mg 看成一组，发现无论是哪种稀土添加后，其 $REMgNi_4$ 相的构成中原子比 (RE＋Mg)/(Ni＋Cu) 都接近 2。Zhang Q A 等人认为 $REMgNi_4$ 属于金属间化合物，来源于二元 $RENi_2$ 化合物。而 $RENi_2$ 在高温时具有 $MgCu_2$ 结构，是 C15 型 Laves 相；当其在低温时，由于 RE 的亚计量比占位不足，$RENi_2$ 将会转变为 $TmNi_2$ 型的 C15 超点阵结构。稍有不同的是，Mg 对 RE 进行替代后，$RE_{2-x}Mg_xNi_4$ 形成了空间群为 $F\bar{4}3m$ 的 C15b($MgCu_4Sn$) 结构，其中 R 和 Mg 分别占据 4a 和 4c 位置，但通常它们之间存在一定的交换率。Nobuko 等人在研究 Mg 基三元 Laves 相的性能时就发现，同样是 Laves 结构，Mg 和 Ca 可以是无序的，而 Mg 和 Y 则是有序存在，但（Mg＋Ca）/Ni 和（Mg＋Y）/Ni 均维持在 2。通过上面的分析可知，$MgNi_4$ 添加了 Sm 或者 Nd 后能谱分析的结果显示其形成的 $REMgNi_4$ 相成分不符合比例，这是 RE 原子和 Mg 原子占位无序而造成的。而添加 Y 后，Y 和 Mg 基本仍然要按 4a 和 4c 位置存在，故符合化学组成的原子比例。添加 Y 出现的这一特殊结果，被 Stan 等人认为与 Y 原子的 4f 层无电子有关。

3.3　Y、Sm、Nd 对镁镍系合金电化学性能的影响

储氢合金的主要作用之一，也是目前最多的一种应用方式，就是作为镍氢

电池的负极材料使用。因此了解储氢合金的电化学性能是十分重要的。

3.3.1 储氢合金的电化学性能测试

（1）电化学样品的准备

取合金粉末 0.2g 和羰基镍粉 0.8g，并将其充分混合，之后通过压片机，以 25MPa 的压力，将其压制成直径为 15mm 和 10mm 的两种电极片备用。

（2）电解液的制备

对 KOH 晶体进行精确测量，之后将其逐渐倒入去离子水中，并不断搅拌，使热量逐渐放出，制备出浓度为 6mol/L 的 KOH 溶液。为了防止试验后期 $Ni(OH)_2$ 的聚结，对于上述准备好的碱液，每升溶液中还要加入 15g 的 LiOH 固体。

（3）电池装备及电池的活化

电池装备为图 3.8 所示的三电极测试系统。A 处为电池的负极，即储氢合金电极片；B 处则是由 $Ni(OH)_2/NiOOH$ 组成的电池正极；C 处是 Hg/HgO 的参比电极；电解槽内充满电解液，其三电极间相通，但在 AB 之间有隔膜。

上述电池装备在性能测试之前，需将其放入 30℃ 的水浴槽中浸泡 24h，使合金的电极具有活性，此过程被称为活化。

图 3.8　三电极系统

（4）电化学比容量、循环稳定性及高倍率性能测试

电池的三种基本性能的测试都是将活化好的电池系统，通过水浴的方法使其始终保持在 30℃，借助 Land 2001 程控电池测试仪来完成的。

放电比容量测试，首先以 60mA/g 的恒定电流密度充电 20h，随后静置 10min，再以 60mA/g 的电流密度进行放电测试，放电至截止电压 0.5V，此时放电量与质量之比为合金的放电比容量。

循环稳定性的测试则是以 300mA/g 的电流密度对电极片充电 4h，间隔 10min 后，以相同的电流密度放电至截止电压 0.5V。通过将每次的放电量与合金最大放电量进行对比，来衡量合金的循环稳定性。

高倍率放电性能（HRD）测试是通过将 5 个合金电极，均以 60mA/g 的恒定电流密度进行充电 20h，静置 10min 后，分别以 300mA/g，600mA/g，900mA/g，1200mA/g，1500mA/g 的电流密度，放电到截止电压 0.5V，此时放电量即为 C_i。之后，再继续以 60mA/g 的恒定电流密度放电到截止电压 0.5V，又放电 C_{60}，放电总容量为 C_i 与 C_{60} 两者之和。

$$HRD(\%) = C_i/(C_i + C_{60}) \times 100\% \tag{3.1}$$

（5）高倍率性能以外的动力学性能测试

合金负极材料的动力学性能是镍氢电池的重要性能，这类性能指标测试主要包括了高倍率放电性能测试、氢扩散系数测试、电化学交流阻抗谱（EIS）及 Tafel 极化曲线测试，对于后三者的性能测试都是依靠英国 Solartron S1-1280B 电化学工作站完成的。测试前，先将 10mm 直径的样品按上述程序制备并活化好。氢扩散的测试是将活化后的样品以 60mA/g 的电流满充，静置 10min 后，测定 +500mV 电位阶跃后的阳极电流-时间响应曲线，持续时间为 5000s。EIS 及 Tafel 极化曲线测试，是将活化后样品以 60mA/g 的电流满充后，以相同电流放电至放电深度（DOD）为 50%，静置稳定后进行测试。EIS 测试频率范围为 10kHz～5.0mHz，电位扰动幅度为 5mV。Tafel 极化曲线测试电压范围为 -1.2V～+1.0V，电位扰动幅度为 5mV。

其中氢合金中的扩散系数可由下述公式计算：

$$\lg i = \lg \left[\pm \frac{6FD}{da^2}(C_0 - C_s) \right] - \frac{\pi^2}{2.303} \frac{D}{a^2} t \tag{3.2}$$

$$D = -\frac{2.303a^2}{\pi^2} \frac{\mathrm{d}\lg i}{\mathrm{d}t} \tag{3.3}$$

式中，i 为扩散电流密度，mA/g；a 为合金颗粒半径，cm；d 为储氢合金密度，g/cm^3；F 为法拉第常数；D 为氢扩散系数，cm^2/s；C_0 为合金电极中的初始氢浓度，mol/cm^3；C_s 为合金颗粒表面的氢浓度，mol/cm^3；t 为放电时间，s。

3.3.2　Y、Sm、Nd 对 $Mg_{24}Ni_{10}Cu_2$ 合金电化学性能的影响

图 3.9 为稀土添加前后四种铸态合金放电比容量与循环次数之间的关系图。由图 3.9 可知，无论是否添加了稀土元素，铸态合金都具有较小的电化学放电比容量，最高放电比容量只有 90mAh/g，与 Mg_2Ni 合金理论计算的放电比容量 999mAh/g 相差甚远。其主要原因在于所有放电测试均在 30℃ 的温度下进行，与 Mg_2Ni 理想的放氢温度相差较远。另外在电池处理时，虽然将合金粉与羰基镍粉进行了混合压片，但羰基镍粉不能起到较好的催化作用，故此放电比容量较低。但实验结果也能说明以下问题：首先是所有的合金在第一次循环时均可以达到最大放电比容量，说明所有合金均具有良好的活化性能；其次是添加稀土后，放电比容量有所提高，这可能与添加稀土后，生成了能够在低温环境下吸放氢的 $REMgNi_4$ 相关。

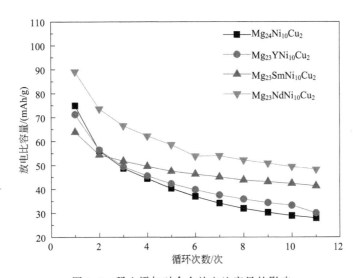

图 3.9　稀土添加对合金放电比容量的影响

图 3.10 所示是稀土添加对合金放电循环稳定性的影响。当以 300mA/g 的电流密度进行充放电时，稀土添加对合金的循环稳定性的影响表现得更为明显。尽管此时的放电比容量测试时（以 60mA/g 电流密度充放电）明显降低，但稀土添加过后的合金放电比容量明显大于未添加稀土的铸态合金，再次说明稀土添加对合金的电化学性能有明显的影响。同时循环稳定性得到提高，则是与稀土加入后可以提高合金的抗氧化性、抗粉化能力有关。

图 3.11 为稀土添加前后合金的高倍率放电性能（HRD）。从中可以看出，

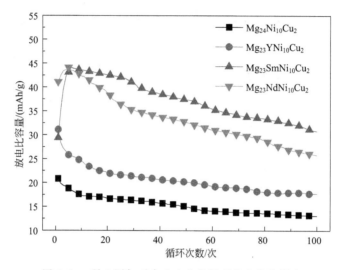

图 3.10　稀土添加对合金电化学循环稳定性的影响

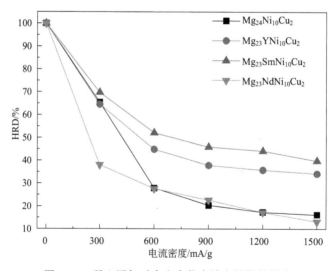

图 3.11　稀土添加对合金高倍率放电性能的影响

Sm 或 Y 的添加对合金的高倍率放电性能有所改善，在 Sm 或 Y 添加后，铸态合金的组织明显细化，使合金晶界面积大幅度增加，而晶界面积的增加为氢原子的扩散提供了更多的通道，从而提高了合金的高倍率放电性能。

通过对稀土添加后合金的电化学性能分析可知，稀土元素的添加对合金的电化学性能有明显的影响，但是随稀土元素的不同，影响也不一致。综合来看，Sm 和 Y 的替代对合金的电化学性能影响更明显。但因为缺少催化剂及放氢温度过低，所有的铸态合金都具有较低的放电比容量，在此条件下，不能作为镍氢电池的负极材料。有必要在未来采取其他方法来提高材料的电化学性能。

3.4 Y、Sm、Nd对镁镍系合金气固储氢性能的影响

储氢合金典型的一个应用就是作为气固储氢材料。

3.4.1 气固储氢性能的测试

本书中所涉及的气固储氢性能测试均采用的是 Sieverts 技术。这种技术是一种利用理想气体方程，借助体积法测量的方法，具体测试装置为半自动 MH-PCT 测试仪（北京有色金属研究总院）。设备包括了供气、真空、测量和数据采集等系统，其真空系统的最高真空度为 1×10^{-4} MPa，低压传感器的量程为 $0\sim1.5$ MPa，测量精度为 0.0001 MPa，高压传感器的量程为 $0\sim10$ MPa，测量精度为 0.001 MPa。为了保证测量精度，在系统压力接近，但小于 1.5 MPa 附近，可以手动选择高低传感器。测量过程中样品温度由温控电炉进行调节，其误差为 ±0.1 ℃。

（1）气固储氢性能测试前的准备

在真空手套箱中，将称取好的 1.000 g 合金粉末，放入具有氩气气氛的样品室中，取出后迅速与 PCT 测试仪连接，并用氩气对仪器进行捡漏测试，当确保无漏气后，在室温的情况下用氩气对样品室进行体积标定，标定 5 次后取平均值。

（2）气固储氢合金的活化

气固储氢合金的活化过程就是将合金在一定的温度及压力下，进行反复的吸放氢过程。吸氢时，先将装入样品后的样品室重新抽成真空（10^{-4} MPa 以下），然后将样品加热至预定温度，关闭样品室及低压阀门，将 3.4 MPa 压力的氢充进系统中，待压力平稳后，打开试样阀，让氢气进入样品室开始吸氢，同时开始记录吸氢数据，直到吸氢过程完成。在放氢测试时，首先记录饱和吸氢压力，关闭试样阀门后将系统（包含放氢罐）压力抽至 0.001 MPa 以下，并记录数据，之后关闭总阀和真空阀。打开试样阀门，迅速降低氢压后，样品开始放氢，并记录数据。如此反复直到两次吸氢量大致相同，所需吸氢次数为活化次数。此次实验过程中，铸态合金活化温度为 300℃，球磨态则有所不同，在具体章节中有介绍。

（3）气固储氢的吸放氢动力学测试

上述活化好的合金被首先用来进行吸放氢的动力学性能测试，其测试过程与活化过程是一致的。其不同点在于测试的温度进行了变化，此次实验中铸态及未复合镍的球磨态合金，测试温度均为 280℃、300℃、320℃和 340℃，复合镍并球磨合金的动力学测试温度进行了调整。将所得数据进行处理后借助合适的动力学模型及阿伦尼乌斯公式（Arrhenius formula）计算出活化能。

（4）PCT 曲线及合金吸放氢时的热力学性能测试

储氢合金的 PCT 曲线测定是合金性能的主要表现形式，可以获取平台区的大小、平台的倾斜程度以及滞后性等信息，特别是可以借助范德霍夫方程（Van't Hoff equation），依据平台压力，计算出合金吸放氢时的 ΔH 和 ΔS。测试时，首先要将合金按照（1）所述一样，将合金置于测试仪样品室中，将样品室和系统压力抽至真空（10^{-4}MPa 以下），到温后，少量逐步地充氢气，并记录吸氢时平衡压的变化。待到系统压力到达 3MPa 以上时，开始少量逐步放氢，并记录放氢时平衡压的变化，直至放氢结束。

3.4.2　Y、Sm、Nd 对 $Mg_{24}Ni_{10}Cu_2$ 合金气固储氢活化性能的影响

对于 Mg 及 Mg_2Ni 基储氢合金，在准备过程中，难免与氧气产生接触，而使合金表面产生薄层的氧化膜。为了消除氧化膜的影响，以及为储氢合金建立起吸放氢时氢原子的扩散通道，需要在正常吸放氢前对储氢合金进行活化处理。图 3.12 为未添加稀土的合金与三种添加稀土的合金，在 300℃，3.0MPa 的氢压下的首次吸氢曲线。从中可以看出，铸态合金在首次吸氢的前 3000s 内具有较快的吸氢速率，随后吸氢速率逐渐降低，在经过 25000s 后，吸氢曲线还呈现上升趋势，说明合金的首次吸氢速率较为缓慢。但同时发现，在稀土添加后，合金的吸氢速率明显快于未添加稀土的合金，特别是 Y 添加后，合金在前 3000s 内具有最快的吸氢速率。四种合金中，添加 Nd 的合金在前 1000s 内吸氢曲线表现较为特殊，见图 3.12 的插图。该合金吸氢的前 400s，吸氢速率极其缓慢，而后则快速上升，说明此合金首次吸氢时，存在孕育期的现象，而其他合金没有孕育期出现。当稀土添加后，稀土元素改善了合金表面的特征，减少了合金表面的氧化层，有利于合金的活化。另外，通过图 3.6 可以看出，稀土的添加有利于铸态组织的细化，增加晶界面积。同时稀土加入均生成了具有不规则几何形状的 $REMgNi_4$ 相，其特殊的形状，特别是尖锐的棱角，

使合金中形成了较多的界面，这都为合金快速吸氢提供了条件，也因此导致稀土添加后合金吸氢的速率大于未添加稀土的合金。

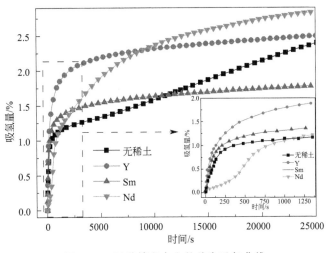

图 3.12　四种铸态合金的首次吸氢曲线

图 3.13 是四种铸态合金活化时的吸放氢曲线。由图可以看出，随着吸放氢次数增加，每种合金的吸氢量也逐渐增加，并将首次达到最大吸氢量时的吸氢次数，认定为活化所需次数。试验中的四种铸态合金经过 5～6 次的反复吸放氢，均能够实现合金的活化。在活化过程中，随着循环次数增加，吸氢速率快速增加。其中未添加稀土的合金在首次吸氢时，不但吸氢量少，而且速率极其缓慢，第二次吸氢时吸氢量大增，吸氢速率也明显加快。当加入稀土后，合金首次吸氢的速率表现就好于未添加稀土的合金，而后随着循环次数增加，吸氢速率变得更快。总体来讲，稀土的添加对合金的活化性能有一定的改善作用。

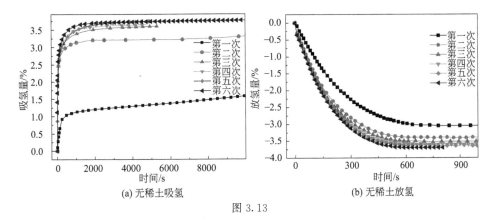

(a) 无稀土吸氢　　　　　　(b) 无稀土放氢

图 3.13

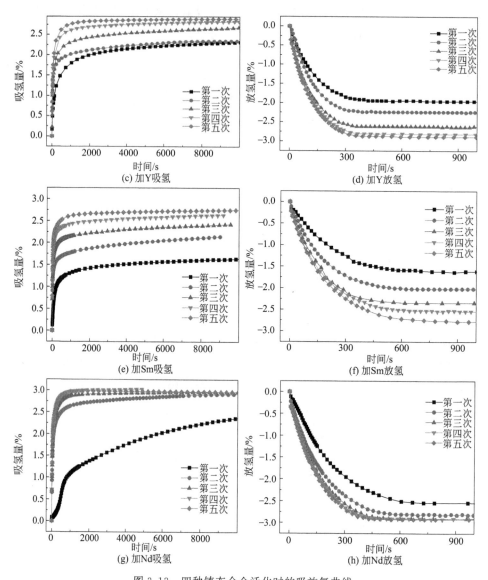

图 3.13　四种铸态合金活化时的吸放氢曲线

图 3.14 为四种铸态合金在第五次活化时的吸放氢曲线。由图 3.14(a) 容易发现，稀土的添加降低了储氢合金的吸氢量，未添加稀土时，$Mg_{24}Ni_{10}Cu_2$ 铸态合金在活化完成后其吸氢量能够达到 3.808%。由前面的相分析可知，该合金的组成相为 94% 的 $Mg_2(Ni,Cu)$ 和约 6% 的 Mg（见表 3.1）。其吸氢过程为：

$$Mg_2(Ni,Cu)+2H_2 \Longleftrightarrow Mg_2(Ni,Cu)H_4 \qquad (3.4)$$

$$Mg+H_2 \Longleftrightarrow MgH_2 \qquad (3.5)$$

如果按照 Mg_2NiH_4 中氢含量为 3.6%，MgH_2 中氢含量为 7.6% 为准，进行计算可以得到 $Mg_{24}Ni_{10}Cu_2$ 合金的饱和吸氢量约为 3.8%，这与实验结果相符。而当三种稀土添加后，均在合金中形成了 $REMgNi_4$ 相。该类相在条件允许的情况下，可以吸氢，但其吸氢量较低，以 $YMgNi_4$ 为例，在 4MPa 的压力下，40℃时可以实现吸氢，但吸氢量只有 1.05%。所以导致了稀土添加后降低了合金的最大吸氢量。而图 3.14(b) 的放氢曲线，也显示出与吸氢相对应的性能，其放氢量因稀土添加而降低。

通过对图 3.14 进行分析可知，合金在添加稀土后，改善了合金的吸放氢动力学性能。表 3.7 所示是四种铸态合金在第五次吸放氢时，吸放氢量达到最大量 90% 所需的时间。容易发现，稀土元素的添加明显加快了合金的吸放氢速率，改善了合金的吸放氢动力学性能。其中吸氢时，所有添加了稀土的合金吸氢时间都减少了近 300s，而放氢时，添加 Sm 的合金放氢时间有所增加，添加 Y 和 Nd 的合金放氢所用时间减少，特别是 Y 添加后的影响显著，与未添加的合金相比，放氢时间减少超过了 1/3。

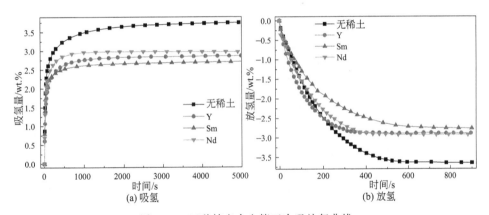

图 3.14　四种铸态合金第五次吸放氢曲线

表 3.7　四种铸态合金第五次吸放氢时达到最大量 90% 所需的时间

	无稀土	Y	Sm	Nd
吸氢时间/s	690	388	392	282
放氢时间/s	370	228	385	282

3.4.3　Y、Sm、Nd 对 $Mg_{24}Ni_{10}Cu_2$ 合金气固储氢吸放氢机制的影响

为了进一步了解稀土添加对合金吸放氢反应机制的影响，将活化完成后的四种铸态合金在 300℃条件下，测试了 3.0MPa 氢压下吸氢和 0.01MPa 压力下

放氢的动力学曲线，并借助成核和生长过程的速率方程［Avrami-Erofeev 方程，式(3.6)进行了拟合。

$$\alpha = 1 - \exp(-Bt^m) \tag{3.6}$$

式中，α 是反应速率，即反应物与总物质的比率；B 和 m 是常数；t 是反应时间。通过拟合得到的 B 和 m 的值如图 3.15 所示。

通过拟合后的相关系数 R^2，可以看出在吸放氢两种情况下，曲线均有较好的拟合度，说明曲线均符合成核和生长过程的速率方程，与欧阳柳章等人描述的其他金属氢化物的情况类似。在吸氢时，拟合的 m 值为 $0.41 \sim 0.55$，虽然添加稀土后的 m 值稍大，但是总体相差不大。在合金放氢时 m 值变大，但四种合金的放氢 m 值都比较接近 1，这说明：①合金的吸氢与放氢机制是不同的；②稀土添加对合金吸放氢机制影响不大。依据动力学反应机制模型，在吸氢时 m 在 0.54 附近，其动力学方程可以看成 $[1-(1-\alpha)^{1/3}]^2 = kt$，这也表明吸氢是以三维扩散的方式完成。而放氢时，因为 m 在 1 附近，其动力学方程被看成 $-\ln(1-\alpha) = kt$ 或者是 $1-(1-\alpha)^{1/3} = kt$，说明此时氢化物放氢是随机形核和随后长大或者相界反应控制方式完成的。

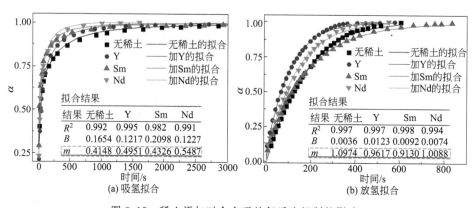

图 3.15 稀土添加对合金吸放氢反应机制的影响

3.4.4 Y、Sm、Nd 对 $Mg_{24}Ni_{10}Cu_2$ 合金气固储氢放氢动力学性能的影响

将活化好的合金在不同温度下进行吸放氢测试。图 3.16 所示为饱和吸氢的四种铸态合金分别在 280℃、300℃、320℃、340℃四个温度下的放氢曲线。所有合金的放氢曲线均显示随温度的下降放氢能力降低，这不但表现在放氢速率上，放氢量也会稍稍有所不同。当温度达到 300℃以上时，放氢温度只决定放氢速率，而与放氢量无关；温度达到了 340℃时，所有合金均可以在 200s 内

完成放氢。

在本文第 1 章中已经介绍了合金吸放氢反应的几种动力学模型。依据前面对动力学反应机制的分析可知：m 值在 1 的附近，动力学方程可以考虑选择 $-\ln(1-\alpha)=kt$，同时 $m=1$ 附近还有其他的动力学模型，即 $m=1.07$ 时的边界控制反应模型 $1-(1-\alpha)^{1/3}=kt$。经过测试后发现在本实验中，合金的放氢反应动力学曲线与后者的拟合结果更好。也表明合金氢化物在放氢过程中是边界反应控制。依据此公式，绘制了氢化物在 $280℃$、$300℃$、$320℃$ 和 $340℃$ 四个温度下放氢时 $1-(1-\alpha)^{1/3}$ 与时间 t 的对应曲线，发现每条曲线都具有很好

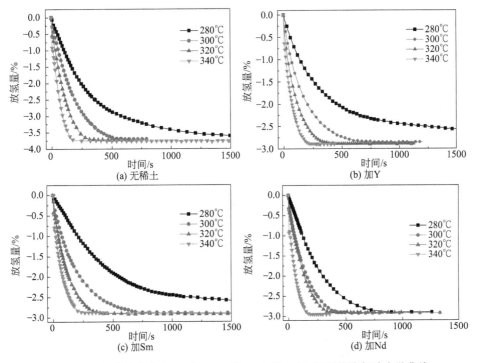

图 3.16 四种铸态合金 $280℃$、$300℃$、$320℃$、$340℃$ 下的放氢动力学曲线

的线性化，其 R^2 都在 0.98 以上，见图 3.17，而其线性化时对应的斜率即为该温度下的 k 值，根据四个温度下各自对应的 k 值，利用阿伦尼乌斯（Arrhenius）定律［式(1.5) 和式(1.6)］确定活化能。

这样，合金放氢的活化能就通过 $\ln(k)$ 和 $1/T$ 的对比图（图 3.17 中的插图）获得，从中可见，稀土的添加对合金氢化物的放氢活化能产生了明显的影响，但影响程度却有较大的差别。除 Sm 添加外，Y 和 Nd 添加后活化能下降明显，其变化程度见图 3.18。

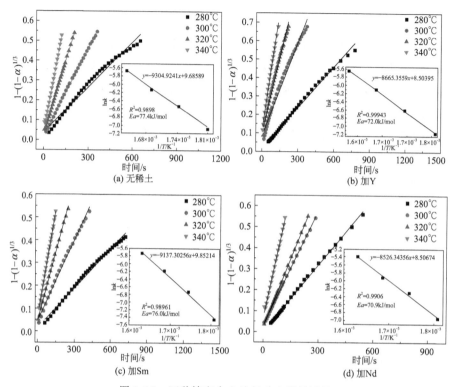

图 3.17 四种铸态合金放氢动力学的计算

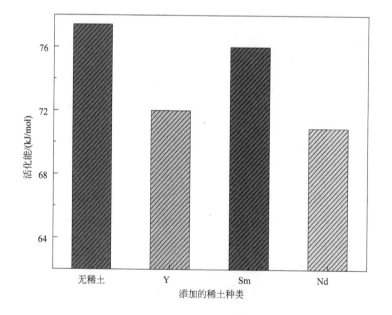

图 3.18 四种铸态合金的活化能

3.4.5 Y、Sm、Nd 对 $Mg_{24}Ni_{10}Cu_2$ 合金氢化物热稳定性的影响

差示扫描量热分析（Differential scanning calorimetry，DSC）是在程序控制温度下，测定材料性能与温度之间关系的重要技术手段。本次实验测量的主要是饱和吸氢合金的分解过程。将合金通过 PCT 测试仪饱和吸氢并冷却至室温后取出，取约 10mg 样品放入 DSC 测试仪中，以 3℃/min，5℃/min，10℃/min，20℃/min 的速率升温，将样品从室温加热至 420℃，从中获取氢化物在不断升温过程中的开始放氢温度及放热峰的温度，并可以利用基辛格方程（Kissinger equation）计算放氢活化能。本文实验采用德国 NETZSCH 公司生产的 DSC 204 HP 高压型差示扫描量热仪。测试过程中采用高纯氩气作为样品保护气和吹扫气，氩气流速为 30mL/min。

图 3.19 为四种合金饱和吸氢后以 5℃/min 速率加热时的 DSC 曲线。可以看出，四种氢化物的 DSC 放氢曲线均具有两个放热峰，且第一个小的放热峰均在 240℃附近，说明此峰与稀土添加与否关系不大。结合文献分析可以判断此峰应该是 Mg_2NiH_4 相由低温结构向高温结构的转变峰，在前述分析中可以得知，因为稀土没有溶解在 Mg_2Ni 中，对 Mg_2NiH_4 相的影响较小，所以此峰均在 240℃附近。而第二峰则是由高温结构的 Mg_2NiH_4 相放氢而产生，明显看出稀土添加对合金氢化物的放氢影响显著，其中添加 Y 后的放氢峰温度约为 309℃，低于未添加稀土的 330℃，Nd 添加后变化不大，而 Sm 添加后的

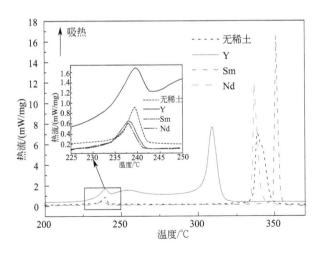

图 3.19 稀土添加对合金 DSC 放氢性能的影响（$v=5℃/min$）

放氢峰位反而高于未添加稀土合金的放氢峰位，约在 342℃。之所以出现 Y 添加后能够明显减低氢化物的放氢温度，与 Y 添加后促进了 Cu 元素对 Mg_2Ni 中 Ni 的替代，降低了氢化物的稳定性有关。

3.4.6 Y、Sm、Nd 对 $Mg_{24}Ni_{10}Cu_2$ 合金气固吸氢热力学性能的影响

图 3.20 为稀土添加前后四种铸态合金在 260℃、280℃、300℃ 和 320℃下的 PCT 曲线。可以看出四种合金在不同的温度下均有两个明显的吸放氢平台压，分别对应于 Mg/MgH_2 和 Mg_2Ni/Mg_2NiH_4 的吸放氢反应过程。在 PCT 的测试中，温度的变化对于同种成分的合金吸氢量没有明显的影响，但添加稀土却明显改变了合金的吸氢量，由未添加稀土时的约 3.8%，降低到稀土添加后的 3.0% 左右，不同种类但等量的稀土添加后合金的吸氢量大致相同，均在 3.0% 附近。同时发现合金的吸放氢 PCT 曲线平台均有一定的倾斜度，这主要与吸氢合金中存在多相，以及吸放氢时

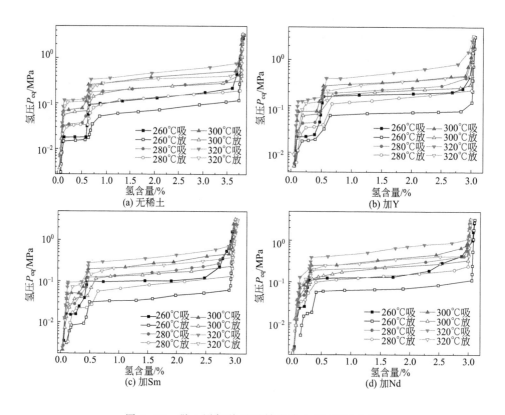

图 3.20 稀土添加前后对铸态合金的 PCT 曲线

发生晶格膨胀等因素有关。另外还发现四种合金的吸放氢平台存在着明显的滞后现象。根据合金在不同温度下吸放氢平台压力，合金吸放氢反应的重要热力学参数焓变（ΔH）和熵变（ΔS），可以通过范德霍夫方程［Van't Hoff 方程，式(1.4)］求得。根据 Van't Hoff 方程将不同温度下 $1/T$ 对应的 $\ln(P_{H_2}/P_0)$ 点在二维坐标图中列出，并将列出的点拟合成直线，该直线的斜率 k 为 $\Delta H/R$，直线的截距则是 $\Delta S/R$，由此就可以分别求得 ΔH 和 ΔS。四种铸态合金的 Van't Hoff 曲线见图 3.21，并将得到的 ΔH 和 ΔS 列入了表 3.8。从上述图表中可以看出，随着稀土的添加，ΔH 和 ΔS 发生了明显的变化，说明稀土的添加改善了合金的吸放氢性能，尤其是主相（Mg_2Ni 相）吸放氢性能改善明显，但不同的稀土影响程度不同，三种稀土以 Y 的添加对合金性能改善最为显著，对 Mg 相的吸放氢性能改善则不明显。而 Sm 的添加改善效果最弱，这与其添加后热力学稳定性升高的表现是一致的。

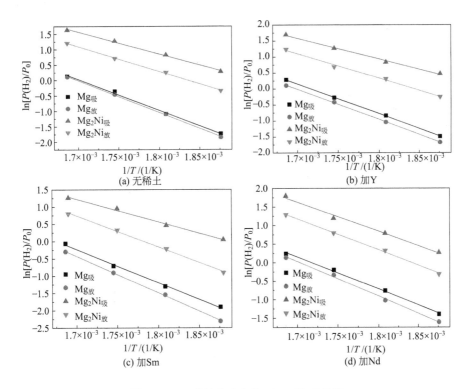

图 3.21　四种铸态合金的 Van't Hoff 曲线

表 3.8　四种铸态合金的吸放氢热力学计算结果

	Mg-H$_2$				Mg$_2$Ni-H$_2$			
	吸氢		放氢		吸氢		放氢	
	ΔH /(kJ/mol)	ΔS /J·K^{-1}· mol^{-1}	ΔH /(kJ/mol)	ΔS /J·K^{-1}· mol^{-1}	ΔH /(kJ/mol)	ΔS /J·K^{-1}· mol^{-1}	ΔH /(kJ/mol)	ΔS /J·K^{-1}· mol^{-1}
无稀土	−83.2	−141.7	85.5	145.2	−59.2	−113.7	67.1	123.1
Y	−76.8	−131.9	78.0	132.5	−53.6	−104.3	63.7	117.4
Sm	−80.2	−134.5	81.5	139.8	−57.6	−111.9	69.2	121.3
Nd	−79.2	−136.5	81.9	139.5	−54.5	−106.8	66.9	119.1

3.5　Y、Sm、Nd 对镁镍系合金储氢性能影响的分析

3.5.1　Mg$_{24}$Ni$_{10}$Cu$_2$ 合金储氢性能分析

图 3.22 是铸态 Mg$_{24}$Ni$_{10}$Cu$_2$ 合金未吸氢时与首次吸放氢后样品的 XRD 对比图谱。从图中发现 Mg$_{24}$Ni$_{10}$Cu$_2$ 合金首次吸氢时，Mg$_2$Ni 相不能完全生成 Mg$_2$NiH$_4$ 相，而是要先形成 Mg$_2$NiH$_{0.3}$，同时发现吸氢产物中有 MgCu$_2$ 出现。但在前面有关铸态合金相的分析中，证实合金中 Cu 被完全用来形成 Mg$_2$(Ni,Cu) 相，而没有其他含 Cu 相生成。结合有关报道，可以得出合金在吸氢时，先后发生了如下反应。

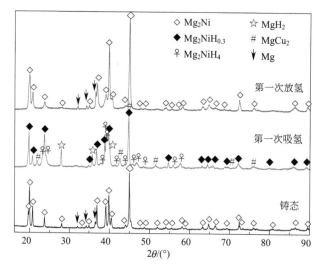

图 3.22　铸态 Mg$_{24}$Ni$_{10}$Cu$_2$ 合金与首次吸放氢后的 XRD 对比图谱

$$Mg_2(Ni_{0.84}Cu_{0.16}) + 0.15H_2 \rightleftharpoons Mg_2(Ni_{0.84}Cu_{0.16})H_{0.3} \qquad (3.7)$$

$$Mg_2(Ni_{0.84}Cu_{0.16})H_{0.3} + 1.77H_2 \rightleftharpoons 0.24MgH_2 + 0.08MgCu_2 + 0.84Mg_2NiH_4$$
$$(3.8)$$

这样看来，吸氢的样品中 MgH_2 相来源于两处，一处是通过上面的反应获得，另一处则是通过铸态中 Mg 相的吸氢反应而获得[见式(3.9)]。

$$Mg + H_2 \rightleftharpoons MgH_2 \qquad (3.9)$$

通过放氢后的 XRD 图谱可以发现，合金放氢后的 XRD 衍射峰与铸态的基本一致，也就是说合金氢化物放氢后，其相组成仍然为 Mg_2Ni 相和单质 Mg 相。这说明上述中的式(3.7)、式(3.8) 和式(3.9) 均是可逆反应。

图 3.23 是 $Mg_{24}Ni_{10}Cu_2$ 合金吸放氢后的背散射形貌图。从中可以看出合金在吸放氢后均呈现出团絮状的特征，组成的颗粒也大小不一，其衬度表现为浅灰色和深灰色两种颜色，说明其组成相主要有两种，且两相交织在一起。

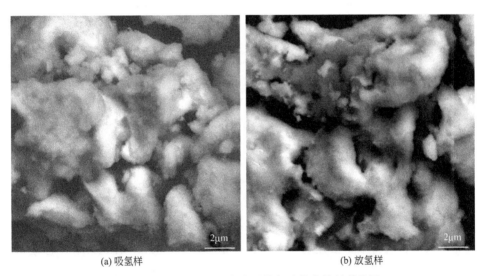

(a) 吸氢样   (b) 放氢样

图 3.23 $Mg_{24}Ni_{10}Cu_2$ 合金吸放氢后的背散射形貌图

为了进一步分析合金在吸放氢时的相转变，利用场发射透射电子显微镜（TEM，JEM-2100F）对 $Mg_{24}Ni_{10}Cu_2$ 合金吸放氢样品进行了高分辨透射电镜观察及衍射分析，见图 3.24。从中可以看出，高分辨电镜下 $Mg_{24}Ni_{10}Cu_2$ 合金样品中观察到了 $MgCu_2$ 相，通过对其选区衍射花样标定也发现有 $MgCu_2$ 相存在，这证实了前述有关 $Mg_{24}Ni_{10}Cu_2$ 合金吸氢产物的分析。放氢后合金再次回到了以 Mg_2Ni 相为主的组成，通过合金放氢后的高分辨图［图 3.24

（b）］，只观察到了有 Mg_2Ni 相存在。

 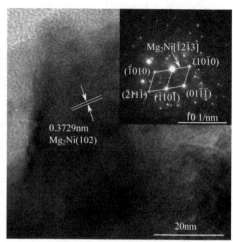

(a) 吸氢样   (b) 放氢样

图 3.24　$Mg_{24}Ni_{10}Cu_2$ 合金吸放氢后的高分辨及衍射图谱

通过上述分析，发现了 $Mg_{24}Ni_{10}Cu_2$ 合金吸放氢的机制，并在 XRD、SEM 和 TEM 的分析中得到了印证，且 XRD、SEM 和 TEM 的分析结果相一致。

3.5.2　Y、Sm、Nd 对 $Mg_{24}Ni_{10}Cu_2$ 合金储氢性能影响的分析

图 3.25 为添加稀土的合金吸放氢后的 XRD 图谱。三种合金吸氢后形成的主要氢化物均为 Mg_2NiH_4 和 MgH_2，这与铸态的相组成是相符的。另外发现添加 Sm 的合金吸氢后形成了少量的 Sm_3H_7 相，而添加 Nd 后则有 Nd_3H_2 相产生，没有发现添加 Y 的合金在吸氢后有新相产生。另外，在对有关铸态合金相组成分析时得知，添加稀土后，合金中都产生了新相 $REMgNi_4$，在吸氢图谱 [图 3.25(a)] 中，依然能够发现 $YMgNi_4$、$SmMgNi_4$ 和 $NdMgNi_4$ 的存在，但 $SmMgNi_4$ 和 $NdMgNi_4$ 的衍射峰与 $YMgNi_4$ 相比明显减弱。结合有 Sm_3H_7 和 Nd_3H_2 相产生的事实，考虑在吸放氢过程中 $SmMgNi_4$ 相和 $NdMgNi_4$ 相有一定的分解，而 $YMgNi_4$ 相相对稳定。$YMgNi_4$ 相的稳定性与该相晶格常数 a/c 的值是 1.36，略小于 1.37 有关。据文献报道，$YMgNi_4$ 相吸氢后，其结构不发生变化，只是晶格常数有改变，衍射峰也不会发生明显的变化，所以根据 XRD 结果 [图 3.25(a)] 不能判断 $YMgNi_4$ 相在此次试验中是否吸氢。在合金放氢后的 XRD 图谱 [图 3.25(b)] 中，重新出现了 Mg_2Ni 及 Mg 相，

已经没有了 Mg_2NiH_4 和 MgH_2 相，说明合金放氢完成。值得注意的是三种合金中 $REMgNi_4$ 相仍然存在，同时加 Sm 合金中 Sm_3H_7 相得以保留，而加 Nd 合金中出现了 Nd_5H_2 相，该相应该是由 Nd_3H_2 相转变而来。

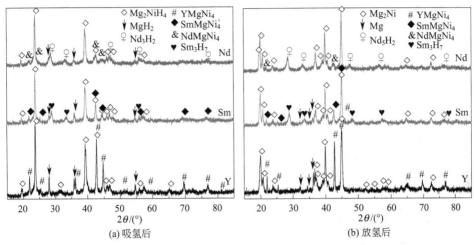

图 3.25　三种稀土添加后合金吸放氢的 XRD 图谱

除此以外，在前面对 $Mg_{24}Ni_{10}Cu_2$ 合金吸氢样品进行分析时发现，合金吸氢后 Cu 会以 $MgCu_2$ 的形式出现，那么稀土的加入是否会对此现象产生影响呢？$YMgNi_4$ 相和 $MgCu_2$ 相具有相同的晶体结构和相近的晶格常数，依据 PDF-01-072-9165 和 PDF-01-077-1178 相比可知，两者在 $2\theta = 20°\sim 80°$ 时，XRD 的衍射峰极其相近，三强峰接近重合，$YMgNi_4$ 相的衍射峰只在 25.4° 和 58.9° 附近比 $MgCu_2$ 相多了两个较小的衍射峰，也就是说 $YMgNi_4$ 相的衍射峰完全覆盖了 $MgCu_2$ 相峰，所以在添合 Y 的金吸氢后，能够判断出依然存在 $YMgNi_4$ 相，但不能判断合金中是否出现了 $MgCu_2$ 相。为此，将添加 Y 的合金吸氢后的样品进行了 TEM 和 EDS 分析，见图 3.26。

图 3.26 为添加稀土 Y 的合金吸氢后的 TEM 形貌观察及 EDS 分析。在观察区域内，吸氢后的合金出现了众多细小析出物。图中圈住部分区域中的析出物较为明亮，应该是含有大原子量的物质。而 EDS 的结果中可以看出，Ni 和 Mg 元素的分布较为均匀，但没有发现 Y 元素，考虑到合金是刚刚吸氢完成，说明此时合金主要是 Mg_2NiH_4。而 Cu 元素的集中分布区域与形貌图中较为明亮的被圈住部分吻合，结合铸态合金的分析结果，即除了 $Mg_2(Ni,Cu)$ 相外，没有发现含 Cu 相或者单质 Cu 的事实，故判定这些区域应该是由 $MgCu_2$ 相构成。因此可以得出在稀土添加后，合金吸氢时还会发生式（3.7）和式

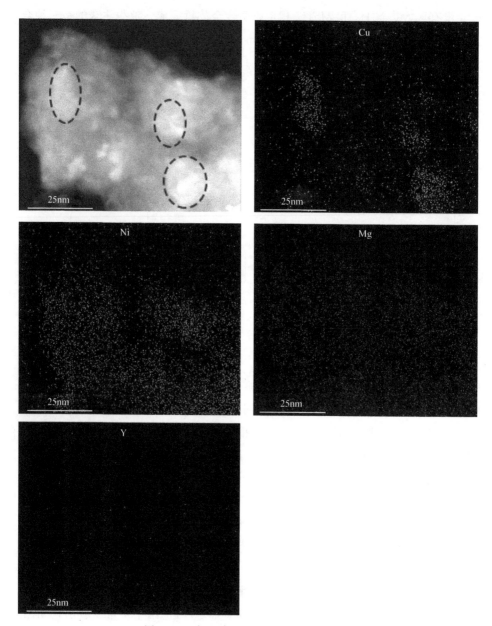

图 3.26 含 Y 合金吸氢后的组织形貌图

（3.8）的反应。

为了了解添加稀土的合金在吸放氢后的形貌变化，借助 SEM 对三种添加稀土的合金的吸放氢后样品做了背散射观察，见图 3.27。从中能够发现所有合金的吸放氢组织中，均分布有诸如气孔的特殊结构，这种形貌是合金未吸氢

(a) 加Y合金吸氢后

(b) 加Y合金放氢后

(c) 加Sm合金吸氢后

(d) 加Sm合金放氢后

(e) 加Nd合金吸氢后

(f) 加Nd合金放氢后

图 3.27　添加稀土的合金吸放氢样品的背散射形貌

时所没有的，说明合金在反复吸放氢循环时，氢气的进出使合金形成了固定的扩散通道。同时发现所有合金，无论是吸氢样还是放氢样，组织中均存在白色的块状组织，这些组织表面光亮整洁，与铸态时的相貌一样，也没有发现像其他区域一样的气孔存在，说明在此实验条件下，这类组织没有参与吸放氢反应。

图 3.28、图 3.29 及图 3.30 是添加稀土的合金吸放氢后在透射电子显微镜下的微观形貌、衍射图谱及高分辨照片。经过反复吸放氢，所有合金中均出

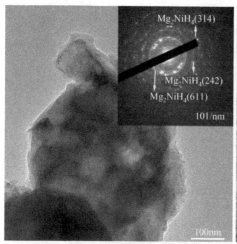

(a) 吸氢形貌及衍射图谱

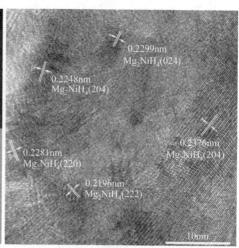

(b) 吸氢后的高分辨照片

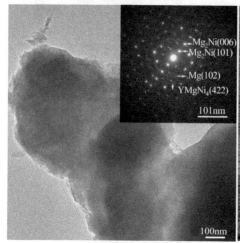

(c) 放氢形貌及衍射图谱

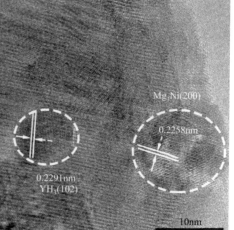

(d) 放氢后的高分辨照片

图 3.28　加 Y 合金吸放氢样品的微观形貌、衍射图谱及高分辨照片

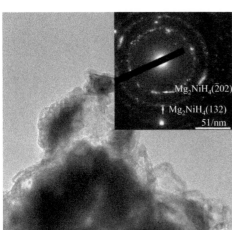

(a) 吸氢形貌及衍射图谱

(b) 吸氢后的高分辨照片

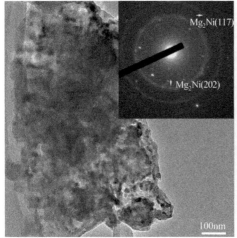

(c) 放氢形貌及衍射图谱

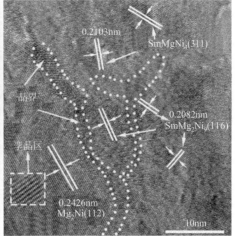

(d) 放氢后的高分辨照片

图 3.29 添加 Sm 的合金吸放氢样品的微观形貌、衍射图谱及高分辨照片

现了纳米级别的小颗粒，说明合金在反复的吸放氢过程中，晶体中的晶格不断地发生膨胀和收缩，合金的内部产生大的应力，从而逐渐出现裂纹，直至开裂，导致合金逐渐粉化，当粉化得较为严重时，合金中就产生了纳米晶。

　　Y 添加后合金的吸氢样品中，其形貌表现出有一定析出物，衍射分析则显示合金是多晶组成，进一步的高分辨照片分析发现其氢化物主要是 Mg_2NiH_4，同时具有纳米晶。当其放氢后，同样发现合金是多晶组成，放氢后的样品中不但有 Mg_2Ni 相、Mg 相，同时还有 $YMgNi_4$ 相存在，而高分辨照片分析还发

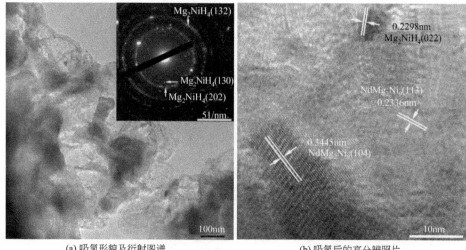

(a) 吸氢形貌及衍射图谱　　　　　　　　　(b) 吸氢后的高分辨照片

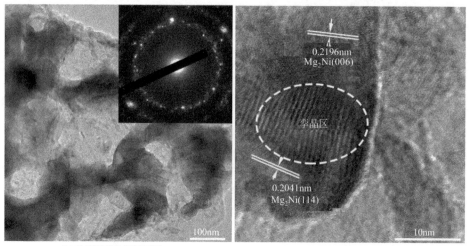

(c) 放氢形貌及衍射图谱　　　　　　　　　(d) 放氢后的高分辨照片

图 3.30　添加 Nd 的合金吸放氢样品的微观形貌、衍射图谱及高分辨照片

现合金放氢样品存在 YH_3 相，这在 XRD 分析中没有发现，可能是因为其含量太少。

Sm 添加后合金的吸氢表现与 Y 添加合金相类似，其氢化物也是 Mg_2NiH_4，同时发现还有 MgH_2。高分辨照片显示放氢样品中存有大量的纳米晶颗粒，其产生原因与 Y 添加合金纳米晶产生原因一致。依据组成分析，其放氢后的样品的主要组成相依旧是 Mg_2Ni 相，而借助高分辨照片的分析，在放氢样品中还发现了 $SmMgNi_4$ 相和 $SmMg_2Ni_9$ 相，其中 $SmMgNi_4$ 相铸态时就存在，而 $SmMg_2Ni_9$ 相可能是在反复吸放氢过程中逐渐形成的，有关 $SmMg_2Ni_9$ 相吸氢的研究相对较少，文献介绍其电化学反应时能够吸氢，但没有发现有关气固吸氢的报道。同时发现在合金的相与相之间存有明显的相界，这些相界能为氢原子的扩散提供良好的通道。

在对添加 Nd 的合金的分析中发现，吸氢后的合金中除了有氢化物 Mg_2NiH_4 外，还存在着 $NdMg_2Ni_9$ 相，同时还发现在放氢后的高分辨照片中有孪晶区存在，说明合金在吸放氢的过程中导致晶体膨胀和收缩，形成了较大的应力。需要注意的是经过反复吸放氢后，添加 Sm 和 Nd 的合金中出现了铸态合金中没有发现的 $REMg_2Ni_9$ 相。文献报道中说 $SmMg_2Ni_9$ 相和 $NdMg_2Ni_9$ 相具有相同的结构和相似的性质。同时在文献中介绍了非晶物质 $[(Mg_{70.6}Ni_{29.4})_{90}Nd_{10}]$，在经过四次反复吸放氢后能够形成 $NdMg_2Ni_9$ 相，结合前面的分析，发现添加 Sm 和 Nd 的合金在吸放氢后会有 Sm_3H_7 和 Nd_5H_2 相产生，所以考虑 $REMg_2Ni_9$ 相可能是合金反复吸放氢后，先产生了非晶相，之后由非晶相形成的。同时 X. L. Li 等人研究了 $SmMg_2Ni_9$ 相的吸氢性，但主要是电化学性能的研究，而具有同样结构的 YMg_2Ni_9 相被证实不具有吸氢性。在此次实验中，同样不能确定 $SmMg_2Ni_9$ 相和 $NdMg_2Ni_9$ 相的气态吸氢性。

3.6 本章小结

① 铸态 $Mg_{24}Ni_{10}Cu_2$ 合金的组织由典型的粗大的树枝晶组织加少量共晶组织构成。当 Y、Sm 和 Nd 三种稀土分别加入合金中，合金基体组织明显细化，同时产生了新的具有尖锐棱角的外形不规则的组织。其相组成除了保留了 $Mg_{24}Ni_{10}Cu_2$ 合金的组成相 Mg_2Ni 相和少量的 Mg 相外，均生成了具有拉夫斯结构的新相 $REMgNi_4$（RE＝Y，Sm，Nd）相。

② 铸态 $Mg_{24}Ni_{10}Cu_2$ 合金中的 Cu 元素被完全用来替代 Ni 元素形成 $Mg_2(Ni,Cu)$ 相。Y、Sm 和 Nd 三种稀土元素的加入对 Cu 元素在合金中的存在形式产生了不同的影响，其中 Y 的加入提高了 Cu 在 Mg_2Ni 相中的含量，而 Sm 和 Nd 的加入对 Cu 元素在 Mg_2Ni 相中的含量影响不大。

③ 稀土元素的加入改善了合金气固储氢时的活化性能，添加稀土的合金首次吸氢速率均高于未添加稀土的合金，其中添加 Y 的合金表现尤为明显。所有合金经过 5～6 次吸放氢后均可完成活化。活化完成后，再次吸氢时添加

稀土的合金的吸放氢速率也均大于未添加稀土的合金，其中仍以添加 Y 的合金在放氢速率方面表现最好。

④ 稀土的添加不改变合金气固吸放氢的机制。吸氢时动力学方程符合 $[1-(1-\alpha)^{1/3}]^2=kt$，表明合金吸氢是以三维扩散的方式完成。而放氢时动力学方程最符合 $1-(1-\alpha)^{1/3}=kt$，说明此时氢化物放氢是由相界反应控制方式完成的。

⑤ 动力学分析表明，稀土添加改善合金的放氢动力学性能，但作用的大小不一，未添加稀土合金、加 Y 合金、加 Sm 合金和加 Nd 合金的放氢活化能分别为 77.4kJ/mol、72.0kJ/mol、76.0kJ/mol 和 70.9kJ/mol，可见 Y 和 Nd 的添加改善作用最明显。四种合金饱和吸氢后的 DSC 测试表明，添加 Y 后的合金具有最低的热稳定性。

⑥ 热力学分析表明，稀土添加对合金气固吸放氢热力学性能有显著的改善作用，特别是对 Mg_2Ni 相的吸放氢热力学性能的改善，但是不同的稀土元素的作用表现得明显不一致。其中添加 Sm 后改善效果最弱，Mg_2Ni 的吸放氢的 ΔH 分别由未添加稀土时的 $-59.2kJ/mol$ 和 $67.1kJ/mol$ H_2，变为 $-57.6kJ/mol$ 和 $69.2kJ/mol$ H_2，ΔS 分别由未添加稀土的 $-113.7J \cdot K^{-1} \cdot mol^{-1}$ 和 $123.1J \cdot K^{-1} \cdot mol^{-1}$ H_2，减小为 $-111.9J \cdot K^{-1} \cdot mol^{-1}$ 和 $121.3J \cdot K^{-1} \cdot mol^{-1}$ H_2。而 Y 添加的作用最为明显，其 Mg_2Ni 相的吸放氢的 ΔH 分别减小到 $-53.6kJ/mol$ 和 $63.7kJ/mol$ H_2，ΔS 则各自减小到 $-104.3J \cdot K^{-1} \cdot mol^{-1}$ 和 $117.4J \cdot K^{-1} \cdot mol^{-1}$ H_2。Nd 的添加效果介于 Y 和 Sm 的效果之间。

综合分析表明，三种稀土添加对 Mg_2Ni 型 $Mg_{24}Ni_{10}Cu_2$ 储氢合金性能都具有较好的改善作用，但通过综合分析发现 Y 的添加，使合金在电化学循环稳定性及电化学动力学性能，气固储氢时的活化、动力学和热力学方面表现更为优秀，因此可以将 $Mg_{23}YNi_{10}Cu_2$ 合金作为基础合金进行进一步研究。

通过第 3 章的分析可知，不同种类的稀土添加对 $Mg_{24}Ni_{10}Cu_2$ 合金的结构及性能均产生了明显的影响，且发现在 $Mg_{23}YNi_{10}Cu_2$、$Mg_{23}SmNi_{10}Cu_2$、$Mg_{23}NdNi_{10}Cu_2$ 三种合金中，$Mg_{23}YNi_{10}Cu_2$ 的综合性能表现最好。对于合金化材料吸放氢性能，除了合金化元素种类会对合金产生不同的影响外，合金元素的添加量也会对材料性能产生较大的影响。为此本章从改变 Y 添加量的角度进行入手，进一步了解 Y 添加对 $Mg_{24}Ni_{10}Cu_2$ 合金的相组成、微观结构及储氢性能的影响，以期得到对改善 Mg-Ni 合金性能较为适宜的 Y 元素添加量。

4.1　加 Y 实验合金的成分设计与制备

为了了解 Y 添加量对 $Mg_{24}Ni_{10}Cu_2$ 合金性能的影响，结合第 3 章的研究结果，通过改变 Y 的添加量，设计了除了 $Mg_{23}YNi_{10}Cu_2$ 合金以外的另外三种含 Y 合金：$Mg_{23.5}Y_{0.5}Ni_{10}Cu_2$ 合金、$Mg_{22.5}Y_{1.5}Ni_{10}Cu_2$ 合金和 $Mg_{22}Y_2Ni_{10}Cu_2$ 合金。加上第 3 章中的 $Mg_{24}Ni_{10}Cu_2$ 和 $Mg_{23}YNi_{10}Cu_2$ 合金，对共计五种合金进行对比研究，以期发现 Y 添加量对合金储氢性能的改善作用，设计成分见表 4.1。为了方便叙述，将五种合金依据 Y 的添加量 不 同，分 别 标 记 如 下：Y0（$Mg_{24}Ni_{10}Cu_2$ 合金）、Y0.5（$Mg_{23.5}Y_{0.5}Ni_{10}Cu_2$ 合 金）、Y1（$Mg_{23}YNi_{10}Cu_2$ 合 金）、Y1.5（$Mg_{22.5}Y_{1.5}Ni_{10}Cu_2$ 合金）和 Y2（$Mg_{22}Y_2Ni_{10}Cu_2$ 合金）。之后在实验室按照设计成分进行了冶炼，并将冶炼后的合金铸锭进行了成分测试，见表 4.2。通过对比表 4.1 和表 4.2 可以看出，合金的实际成分与设计成分基本接近，满足实验用合金的成分要求。

表 4.1　实验合金的设计成分表　　　　　　　单位：%

合金	Mg	Ni	Cu	Y	合金	Mg	Ni	Cu	Y
Y0	45.0	45.2	9.8	—	Y1.5	40.8	41.0	8.9	9.3
Y0.5	43.5	43.7	9.5	3.3	Y2	39.5	39.8	8.6	12.1
Y1	42.1	42.3	9.2	6.4					

表 4.2　实验合金的实测成分表　　　　　　　单位：%

合金	Mg	Ni	Cu	Y	合金	Mg	Ni	Cu	Y
Y0	45.9	43.9	10.2	—	Y1.5	41.6	41.0	8.9	8.5
Y0.5	43.3	43.8	9.5	3.4	Y2	39.9	40.2	8.6	11.3
Y1	41.0	43.0	9.2	6.8					

4.2　Y 对 $Mg_{24}Ni_{10}Cu_2$ 合金相组成及微观结构的影响

4.2.1　Y-Mg-Ni 三元相图分析

图 4.1 为 Y-Mg-Ni 三元相图的液相投影图及 400℃时的等温截面图，图中小圆点代表了实验合金的成分点。从中可以看出，在平衡结晶过程中，随 Y

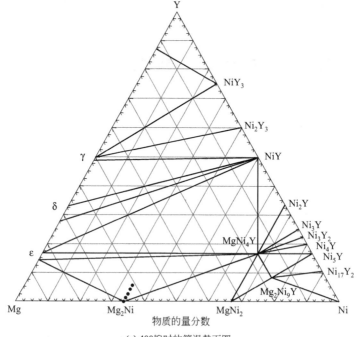

(a) 400℃时的等温截面图

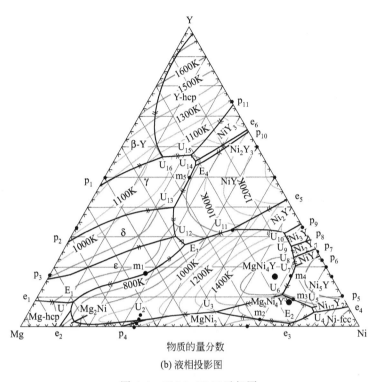

(b) 液相投影图

图 4.1　Y-Mg-Ni 三元相图

含量的不同，其结晶过程是有所不同的。未添加 Y 的 $Mg_{24}Ni_{10}Cu_2$ 合金将按照 Mg-Ni 相图（图 1.5，即图 4.1 的底边线）进行结晶反应，最终生成 Mg_2Ni 相和单质 Mg 相，因具体的结晶过程在第 1 章和第 3 章已经详述，这里就不再介绍。Y 的加入则会对合金的结晶过程产生明显的影响，当 Y 的加入量为 1.4% 时（Y0.5 合金），成分点落在 $MgNi_2$ 相区中，其结晶过程是液态合金首先析出 $MgNi_2$ 相，且随着温度降低，$MgNi_2$ 相逐渐增多，当液相成分到达 U_2 处时，将在此处发生包共晶反应 [式(4.1)]。

$$\text{Liquid}^{\text{❶}} + MgNi_2 \longleftrightarrow YMgNi_4 + Mg_2Ni \qquad (4.1)$$

而当 Y 的添加量达到或超过 2.8%，即 Y1、Y1.5 和 Y2 合金时，成分点位于 $YMgNi_4$ 相区中，在结晶开始时，液态合金中首先析出的不再是 $MgNi_2$ 相，而是 $YMgNi_4$ 相。之后，随着温度降低，$YMgNi_4$ 相逐渐增多，并最终与 U_2U_1 线相交，依据切线法则判断，随温度下降，液态合金会发生共晶反应

———————————

❶　Liquid 指液相。下同。

[式(4.2)]。

$$Liquid \longleftrightarrow YMgNi_4 + Mg_2Ni \qquad (4.2)$$

同样借助切线法则，还能判断出在降温到 U_1 点，包共晶反应发生之前，还会发生包晶反应，即：

$$Liquid + YMgNi_4 \longleftrightarrow Mg_2Ni \qquad (4.3)$$

当液体降温达到了 U_1 点时，成分也达到了 U_1 处，开始发生包共晶反应：

$$Liquid + Mg_2Ni \longleftrightarrow YMgNi_4 + Mg \qquad (4.4)$$

从上面的分析可知，只要添加了 Y，合金中必然有 $YMgNi_4$ 相生成。

4.2.2 Y 对 $Mg_{24}Ni_{10}Cu_2$ 合金相组成的影响

图 4.2 为不同量 Y 添加后铸态合金的 XRD 对比图谱。将未添加稀土的 $Mg_{24}Ni_{10}Cu_2$ 合金的 XRD 图谱与添加不等量 Y 后合金的 XRD 图谱相比，能够发现五种合金的相组成中除了均包括了主相 Mg_2Ni 和少量的 Mg 单质外，还全部产生了新相 $YMgNi_4$ 相，这与相图分析结果是一致的。同时发现，随着 Y 添加量的增加，$YMgNi_4$ 相衍射峰强度明显增强，Mg_2Ni 相衍射峰的强度减弱。另外发现，与第 3 章中有关合金的相组成分析时，均未发现含 Cu 相

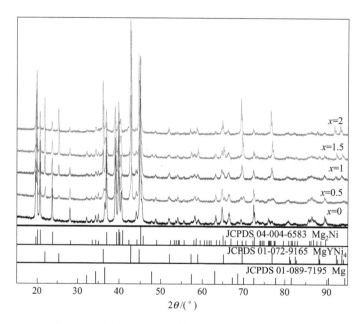

图 4.2 不同量 Y 添加后铸态合金的 XRD 对比图谱

或者 Cu 单质一样，在 Y 的其他三种添加量中也没有发现含 Cu 相或者 Cu 单质存在。

为了进一步了解在不同量的 Y 添加后，合金中各相组成、相含量及结构的变化，对合金的 XRD 数据进行了全谱拟合，结果见图 4.3 及表 4.3，为了能够更加清楚地了解 Y 对合金各组成相含量的影响，将第 3 章中的

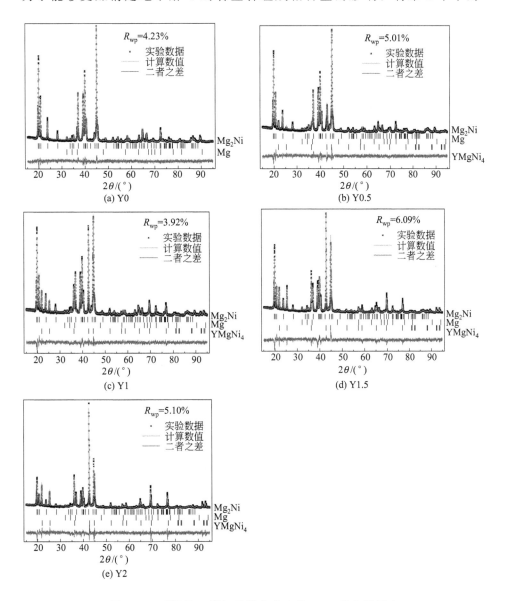

图 4.3 不同量 Y 添加后铸态合金的 XRD 的全谱拟合

表 4.3　铸态合金的全谱拟合结果

样品	相	空间群	晶格常数/Å	体积/Å³	含量/%	R_{wp}/%
Y0	Mg_2Ni	$P6_222$	$a=5.2158$ $c=13.3536$	314.608	94.15	4.26
	Mg	$P6_3/mmc$	$a=3.2118$ $c=5.2150$	46.588	5.85	
Y0.5	Mg_2Ni	$P6_222$	$a=5.2186$ $c=13.3602$	315.103	87.57	5.01
	Mg	$P6_3/mmc$	$a=3.2156$ $c=5.2165$	46.714	2.92	
	$YMgNi_4$	$F\bar{4}3m$	$a=6.9943$	342.171	9.51	
Y1	Mg_2Ni	$P6_222$	$a=5.2248$ $c=13.4006$	316.802	75.04	3.92
	Mg	$P6_3/mmc$	$a=3.2093$ $c=5.2103$	46.474	2.51	
	$YMgNi_4$	$F\bar{4}3m$	$a=7.0234$	346.457	22.45	
Y1.5	Mg_2Ni	$P6_222$	$a=5.2192$ $c=13.3962$	317.502	69.51	6.09
	Mg	$P6_3/mmc$	$a=3.2125$ $c=5.2130$	46.644	6.16	
	$YMgNi_4$	$F\bar{4}3m$	$a=7.0061$	347.171	24.34	
Y2	Mg_2Ni	$P6_222$	$a=5.2274$ $c=13.4451$	318.171	52.27	5.10
	Mg	$P6_3/mmc$	$a=3.2093$ $c=5.2103$	46.474	2.46	
	$YMgNi_4$	$F\bar{4}3m$	$a=7.0389$	348.751	45.27	

$Mg_{24}Ni_{10}Cu_2$ 合金（Y0）及 $Mg_{23}YNi_{10}Cu_2$ 合金（Y1）的数据图表也一并列出。通过这些数据与图表，不难发现在五种铸态合金中，相组成均以 Mg_2Ni 相为主，也都有少量的单质 Mg 相，因冶炼条件所限，单质 Mg 相的含量在 2.5%～6.2% 内波动。正如前述分析一样，Y 添加后在合金中均出现了 $YMgNi_4$ 相，且随着 Y 添加量的增加，$YMgNi_4$ 相的含量也增加。图 4.4 的柱状图更加清晰地展现了 Y 添加量与合金中各相含量的变化情况。同时还发现，随着 Y 加入量的增加，合金中各相的参数也发生了变化，特别是

晶格常数及晶胞体积变化明显，见图 4.5。图中以 Y0 合金中 Mg_2Ni 相和 Mg 相，及 Y0.5 中 $YMgNi_4$ 相的体积为基础，将其他合金中相的变化列于图中，能够发现随着 Y 添加量的增加，合金中 Mg_2Ni 相及 $YMgNi_4$ 相的晶格常数和晶胞体积都是增加的，而 Mg 相的晶格常数和晶胞体积变化则不明显。在第 3 章的分析中，发现合金中的 Cu 元素，完全以 Ni 元素的替代身份出现，在合金中形成了 $Mg_2(Ni,Cu)$，通过 Mg_2Ni 的晶体结构模型

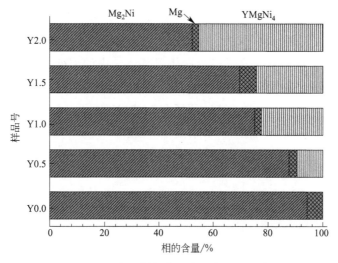

图 4.4　随 Y 增加合金中相含量的变化

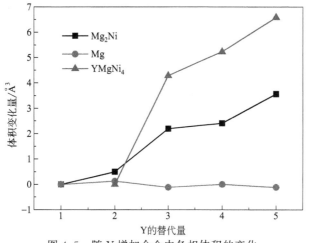

图 4.5　随 Y 增加合金中各相体积的变化

（图 4.6）发现，Ni 元素占位主要在 c 轴的方向上，也就是说 Cu 替代 Ni 后，造成的晶格膨胀应该是 c 轴方向大于 a 轴方向，而表 4.3 中有关 Mg_2Ni 相 c 轴数据随 Y 添加量的改变印证了上述分析。同时也再次说明 Y 的添加促进 Cu 对 Ni 的替代。另外第 3 章有关 $REMgNi_4$ 相的分析中也介绍了 $YMgNi_4$ 相来源与形成，并被文献认为 Y 原子的存在形式有别于 La、Nd 和 Sm 等的存在形式，其中 La、Nd 和 Sm 与 Mg 的位置可以互换，而 Y 和 Mg 的位置则是有序的。这与本文的实验结果存在差异，可能与合金的制备条件有关。为了能够清楚地了解 $YMgNi_4$ 相中 Y、Mg 原子的存在形式，借助密度泛函理论（DFT）对其形成进行了计算。

为了进一步验证 Mg 原子能否取代 $YMgNi_4$ 中的部分 Y 原子，本节基于 $YMgNi_4$ 进行 Mg 掺杂取代的形成能计算。$YMgNi_4$ 的晶体结构是 $AuBe_5$ 型，其单胞包含 4 个 Y 原子、4 个 Mg 原子和 16 个 Ni 原子，如图 4.7 所示。Y 占据 4a 位置，Mg 占据 4c 位置，Ni 占据 16e 位置。

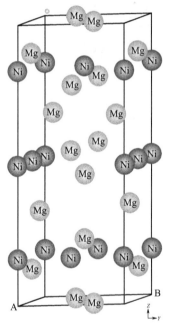

图 4.6　Mg_2Ni 相的晶体结构模型　　图 4.7　$AuBe_5$ 结构的 $YMgNi_4$ 晶体结构示意图

采用基于密度泛函理论（DFT）框架下的 Vienna ab-initio simulation package（VASP）软件包进行第一性原理计算。计算中，价电子与离子之间的相互作用选择投影缀加波方法（PAW），交换关联泛函采用广义梯度近似

（GGA），截断能量为 450eV。布里渊区积分采用 Gamma 特殊 k 网格点方法，在计算 $YMgNi_4$ 单胞时选取了 $6\times6\times6$ 的 k 网格，在计算 $1\times1\times2$ 超晶胞时选取 $6\times6\times4$ 的 k 网格。计算中的能量收敛标准为能量小于 10^{-5} eV，每个原子的剩余力小于 $0.01eV/\text{Å}$。

首先，本文优化了 $YMgNi_4$ 单胞，优化后的晶格常数为 7.091Å，与文献报道的 7.18 Å 较为相符。为了计算 Mg 置换 Y 后的形成能，本文建立了尺寸为 $1\times1\times2$ 的 $YMgNi_4$ 超晶胞，含有 48 个原子。将其中一个 Y 原子替换为 Mg 原子，形成的体系为 $Y_7Mg_9Ni_{32}$。利用 VASP 计算置换前后体系的形成能，形成能计算公式如下：

$$\Delta H_f = \frac{E(Y_xMg_yNi_z) - xE(Y) - yE(Mg) - zE(Ni)}{x+y+z} \quad (4.5)$$

其中，$E(Y_xMg_yNi_z)$ 为体系的总能；x、y 和 z 为体系中 Y、Mg 和 Ni 的原子数；$E(Y)$、$E(Mg)$ 和 $E(Ni)$ 为 Y、Mg 和 Ni 单原子能量。经计算，纯 $YMgNi_4$ 的形成能为 $-0.399eV/atom$，用 1 个 Mg 原子替代其中 1 个 Y 原子后，体系的形成能为 $-0.373eV/atom$。形成能为负值，表明这种掺杂体系在一定条件下可以存在，即能够形成 $Y_{1-x}Mg_{1+x}Ni_4$ 相，然而其形成能比纯体系的形成能略高，表明不如纯体系稳定，在一定条件下会向纯体系（$YMgNi_4$）转变。

通过这个计算能够发现，在一定的条件下 Mg 原子可以存在于 Y 原子的位置，只是不够稳定，在加热等条件下 $YMgNi_4$ 相可能会转变，形成 Mg 和 Y 原子有序的 $YMgNi_4$ 相。Y 的原子半径为 0.18nm，大于 Mg 的 0.16nm，随着 Y 添加量的增加，$YMgNi_4$ 相中 Y 的比例上升，导致其晶胞体积增加。

4.2.3 Y 对 $Mg_{24}Ni_{10}Cu_2$ 合金组织与显微结构的影响

图 4.8 是不同 Y 含量合金的组织对比图。很明显，Y 的添加对合金中的显微组织产生了较大的影响。对于 Y0（$Mg_{24}Ni_{10}Cu_2$）合金及 Y1（$Mg_{23}YNi_{10}Cu_2$）合金组织的形成与特征在第 3 章已经详细阐述，这里不再过多介绍。Y0 合金的基体组织是树枝晶，同时在枝晶间存有共晶组织 [图 4.8(a)]，Y 添加后有另外的组织出现 [图 4.8(b)～(e)]。而通过图 4.8 的对比，能够发现 Y0.5 合金的基体组织特征保持了 Y0 合金的特点，有长大的树枝晶，但枝晶间的距离明显小于 Y0 合金。这与 Y1 合金表现一致，但 Y1 合金的枝晶间距离比 Y0.5 合金更加小，充分说明 Y 的加入能够明显细化合金的铸态组织，而 Y 的加入

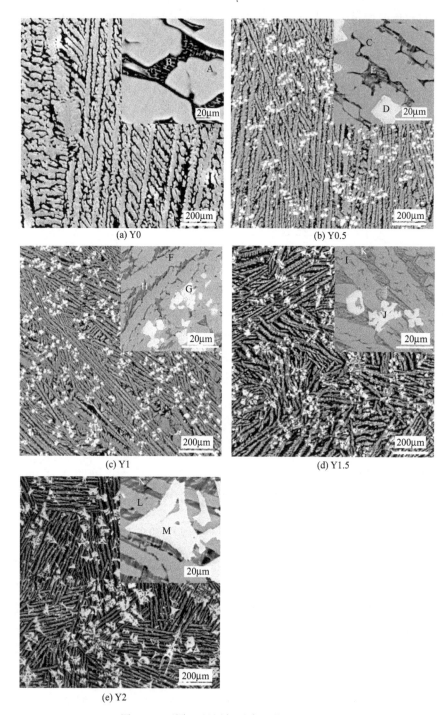

(a) Y0　　　　　　　　　　(b) Y0.5

(c) Y1　　　　　　　　　　(d) Y1.5

(e) Y2

图 4.8　不同 Y 量添加后合金的显微组织

均产生了具有特殊形状的由 $YMgNi_4$ 相构成的白色组织。借助各自的放大插图，能够发现，白色组织位于基体之上，在 Mg_2Ni 相形成的灰色基体组织之间存有黑白相间的共晶组织（Mg_2Ni+Mg）。当 Y 的添加量增多时，Y1.5 和 Y2 合金的铸态基体组织表现出与其他三种合金明显不同的特征，基体组织不再是树枝晶，而是典型的片层状共晶组织，这与上面相图的分析结果是一致的。为了进一步证实上述的分析，对合金组织的不同区域做了能谱分析，结果见表 4.4。在五种合金中，如果将 Cu 看作成 Ni 的替代元素，不难发现组织中灰色区域中 Mg/(Ni+Cu) 的原子比约为 2，进一步证实此处的组成相为 Mg_2Ni 相。由于该相固溶有 Cu，所以可以看成 Mg_2(Ni,Cu) 相。同时发现，Y 的添加，促进了 Cu 在 Mg_2(Ni,Cu) 中的固溶度，且随着 Y 添加量的增加，Cu 在 Mg_2(Ni,Cu) 中固溶度也升高，在 Y0 合金中 Mg_2(Ni,Cu) 相里 Ni/Cu 为 0.18，而 Y2 合金中 Mg_2(Ni,Cu) 相里 Ni/Cu 高达 0.36。这种现象与 Y 添加量增加，合金中形成较多 $YMgNi_4$ 相有关，通过前面的分析可知，当 Y 的添加量达到以及超过 2.8% 时，合金在结晶过程中 $YMgNi_4$ 相最先结晶，而 $YMgNi_4$ 相的形成无疑要消耗大量的 Ni，且随着 Y 加入量的增加，$YMgNi_4$ 相生成量也增加，Ni 的消耗也就越多。这就直接导致在合金结晶后期过程中，液相中 Ni 元素已经不足，当 Mg_2Ni 相结晶时，成分起伏要借助更多的 Cu 元素替代 Ni 元素来满足，

表 4.4 图 4.8 中对应的能谱分析

合金	区域	元素含量/%(体积)				Cu/Ni
		Mg	Ni	Cu	Y	
Y0	A	68.1	27.0	4.9	—	0.18
	B	87.8	10.1	2.1	—	—
Y0.5	C	69.5	25.3	5.2	0.5	0.21
	D	24.0	59.7	4.0	12.3	—
	E	88	8.0	1.9	2.1	—
Y1	F	70.2	24.1	5.8	0.1	0.24
	G	22.2	59.1	3.8	14.9	—
	H	91.0	4.6	1.0	3.4	—
Y1.5	I	70.3	23.4	6.3	0	0.27
	J	25.9	53.1	5.7	15.3	—
	K	90.8	4.9	1.4	2.9	—
Y2	L	69.8	22.1	7.9	0.2	0.36
	M	18.2	60.5	4.0	17.4	—
	N	89.2	5.8	1.8	3.2	—

从而使 Mg_2Ni 相中溶解了更多的 Cu 元素。之所以是 Cu 元素替代 Ni，这主要与 Cu 和 Ni 原子的性质相近有关。另外发现一个现象是 Y 元素与 Cu 元素的表现相反，其在 Mg_2Ni 相中几乎没有溶解。而对于另外一种白色组织的能谱分析表明，如果将（Mg＋Y）作为一个整体来看，（Mg＋Y）/Ni 约为 1/2，即（Mg，Y）Ni_2。通过前面的分析可知，Mg 原子和 Y 原子在 $YMgNi_4$ 相中，在一定的比例范围内是可以相互占位的，所以此处的组成相应该是 $YMgNi_4$ 相，而且通过对比各成分中 Y 和 Mg 的比例发现，随 Y 添加量的增加，$YMgNi_4$ 相中 Y：Mg 的比例在上升，当 Y 的添加量达到 Y2 合金时，Y：Mg 接近 1：1，这也是 $YMgNi_4$ 相体积随 Y 添加量增加而增加的原因所在。

4.3　Y 对 $Mg_{24}Ni_{10}Cu_2$ 合金电化学性能的影响

图 4.9 为 Y 添加后铸态合金放电比容量与循环次数之间的关系图。从中可以看出，所有合金第一次放电就达到了最大放电比容量，表明合金具有较好的活化性能。同时发现，Y 的添加降低了合金的最大放电比容量，见表 4.5。但随着循环次数的增加，所有放电比容量都呈现出降低的趋势，但添加 Y 的合金的放电比容量在第二次放电后开始大于 Y0 合金放电比容量。

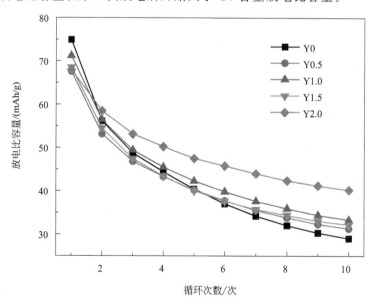

图 4.9　含 Y 铸态合金电化学容量及循环次数的关系

表 4.5 含 Y 铸态合金电化学最大放电量

项目	Y0	Y0.5	Y1	Y1.5	Y2
$C_{max}/(mAh/g)$	74.9	67.6	71.2	68.5	67.9

图 4.10 为 Y 添加量与铸态合金循环稳定性的关系图。当合金以 300mA/g 充放电时，Y 添加后合金表现出较高的放电比容量和较好的循环稳定性。表明 Y 的加入能够明显改善合金的循环稳定性，这与 Y 在合金中形成 YMgNi$_4$ 有关。Mg$_2$Ni 相的放氢温度通常要在 280℃以上，而 YMgNi$_4$ 相却能在室温时吸放氢。此次电化学实验都是在 30℃恒温环境下进行的，同时有大量的 Ni 作为催化剂。YMgNi$_4$ 相的存在提高了铸态合金的放电性能，同时，Y 的加入提高了 Mg 基合金的抗蚀性能，使合金的循环稳定性提高。但总体来说铸态合金都具有较低放电比容量，距离实际应用还有一定的距离。

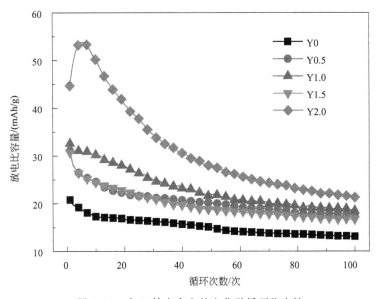

图 4.10 含 Y 铸态合金的电化学循环稳定性

图 4.11 所示为 Y 添加与合金高倍率放电性能（HRD）的关系。从中可以看出，Y 的添加对合金的高倍率放电性能有明显改善作用，特别是在达到以及超过 600mA/g 的大电流放电情况下，作用更加突出，其中在 1500mA/g 电流放电时，Y0 的高倍率放电性能由 16.3% 提高到 Y0.5 的 37.6%。通过前面的组织结构分析可知，Y 添加后能够显著细化合金的铸态组织，增加合金中的晶界面积，为氢原子的扩散提供有效通道，从而提高合金的高倍率放电性能。

Balogun 等人认为高倍率放电性能取决于合金与电解液界面的电荷转移及氢从合金内部到电极表面的扩散能力，可以用氢扩散、交流阻抗谱和动电位极限电流密度来体现。

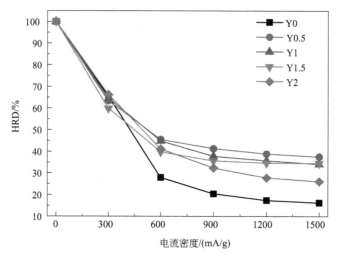

图 4.11　含 Y 铸态合金的高倍率放电能力

氢的扩散能力直接影响到了合金的动力学性能。图 4.12 所示为 Y 添加后合金满充状态下，合金电极在+500mV 电位阶跃后的阳极电流-时间的响应曲线。根据此图，借助式(3.3) 可以计算得到氢的扩散系数，见表 4.6。发现扩散系数由 Y0 时的 $2.85 \times 10^{-11} \mathrm{cm}^2/\mathrm{s}$，提高到了 Y2 时的 $5.60 \times 10^{-11} \mathrm{cm}^2/\mathrm{s}$，说明 Y 添加后能够明显改善合金中氢扩散的能力，其改善的原因在于 Y 添加后细化了合金的组织，为氢扩散建立了更多的扩散通道，进而提高了氢的扩散系数，改进了氢的扩散能力。

表 4.6　含 Y 铸态合金的氢扩散系数

项目	Y0	Y0.5	Y1	Y1.5	Y2
$\log i/t \times 10^{-5}$	−5.4266	−6.0252	−8.2834	−10.0141	−10.6625
$D \times 10^{-11}(\mathrm{cm}^2/\mathrm{s})$	2.85199	3.1132	4.35337	5.2629	5.60372

图 4.13 所示为含 Y 铸态合金电极的电化学阻抗谱（EIS）。由图 4.13 可以看出，所有合金的阻抗谱都是由两段半圆弧和一段斜线组成。根据 Kuriyama 等人的模型，阻抗谱中的高频区半圆弧反映合金与集流体之间的接触电阻，而低频区的半圆弧则反映合金电极表面的电化学反应，主要与合金表面的电化

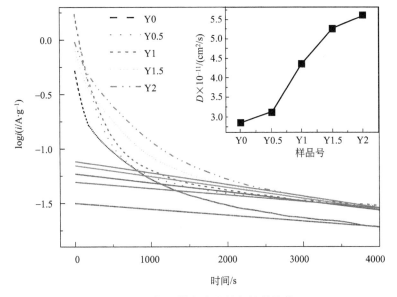

图 4.12　含 Y 铸态合金的氢扩散性能

学活性及氢的扩散相关。据此，通过中频区的圆弧半径的大小，很容易评估合金电极的电荷转移能力，即中频区的圆弧半径越大，合金电极的电荷转移阻抗越大，反之亦然。在图 4.13 中，高频区的圆弧半径基本不变，而低频区的圆弧半径随 Y 含量的增加而减小，这说明 Y 的添加对提高合金电极表面的电荷转移能力有利，同时与合金的氢扩散性能表现是一致的。张羊换等人认为合金稳定性降低、放氢容易、有催化剂存在等都会有助于性能提高，在前面分析中发现 Y 的添加促进了 Cu 的溶解，能够导致氢化物的不稳定性增加，同时 L ChitsazKhoyi 等人认为 $YMgNi_4$ 是有催化作用的，也利于合金的性能改善。

　　极限电流密度（I_L）是另一个与氢扩散能力密切相关的电化学动力学参数，其大小可以通过测试合金的 Tafel 极化曲线而获得，见图 4.14。从中可以看出，每条曲线都有一个明显的拐点，即存在一个被定义为极限电流密度的临界电流密度，以 I_L 表示。I_L 的存在说明合金在此电流密度下能在电极表面形成一个氧化层，阻碍氢原子进一步扩散到电极中。这样，I_L 可以看作是使合金电极表面形成钝化层的临界电流密度。通过图 4.13 中的插图能够发现，随着 Y 的添加，合金的极限电流密度是增加的，Y1 时达到最大。说明添加 Y 后，合金所需极限电流密度增加，利于合金动力学性能提高。

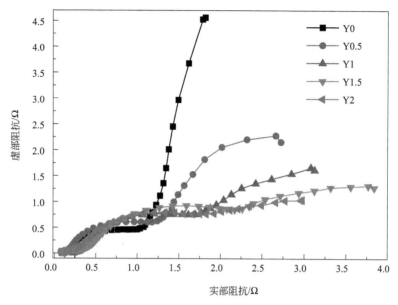

图 4.13　含 Y 铸态合金的交流阻抗谱

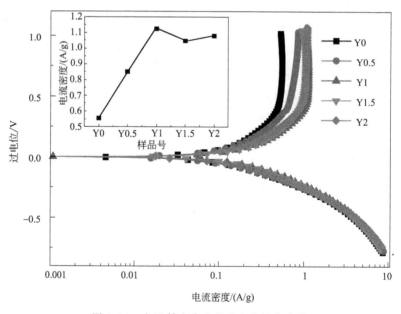

图 4.14　含 Y 铸态合金的动电位极化曲线

4.4 Y 对 Mg$_{24}$Ni$_{10}$Cu$_2$ 合金气固储氢性能的影响

4.4.1 Y 对 Mg$_{24}$Ni$_{10}$Cu$_2$ 合金气固储氢活化性能的影响

活化性能是储氢材料的主要性能之一。图 4.15 所示是 Y0～Y2 五种合金活化时的吸放氢曲线，从中可以看出，五种合金在 300℃，3.0MPa 的氢压条件下吸氢时，每种合金在第一次吸氢时，不但吸氢速率慢，而且具有较低的吸氢量。从第二次吸氢开始，合金的吸氢速率加快，吸氢量也明显变大。通过如此反复的吸放氢，最终所有合金均能通过五次吸放氢后，达到正常吸放氢的状态，说明合金活化完成，这表明 Y 的添加对合金活化性能影响不大。同时，合金活化后的最终吸氢量也表明 Y 添加后导致了合金吸氢量的减少，但不同 Y 添加量的合金，却有着大致相同的吸氢量。

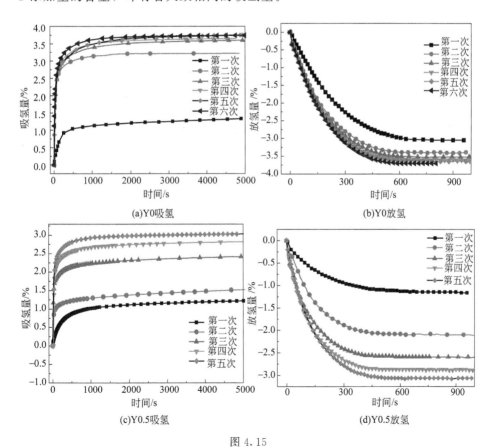

(a)Y0吸氢

(b)Y0放氢

(c)Y0.5吸氢

(d)Y0.5放氢

图 4.15

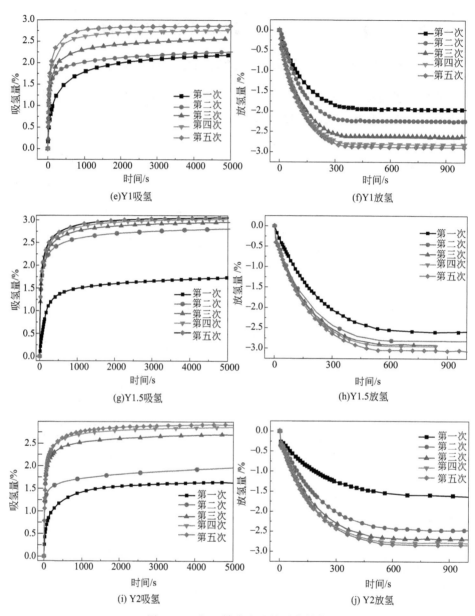

(e)Y1吸氢

(f)Y1放氢

(g)Y1.5吸氢

(h)Y1.5放氢

(i) Y2吸氢

(j) Y2放氢

图 4.15　含 Y 铸态合金的活化性能

图 4.16 所示为 Y1 合金活化过程的形貌变化图及活化后放氢样品的高分辨照片。从中可以看出，铸态合金在未吸氢前其断裂表面具有光滑的外表，具有十分显著的脆断断口特征 [见图 4.16(a)]。通过图 4.16(b) 发现，当合金第一次吸氢后，合金表面虽然还具有光滑的特征，但其上出现大量的微裂纹，

当合金经过六次吸放氢后 [见图 4.16(c)]，合金裂纹明显增多加宽，大量的裂纹交织后导致合金出现了粉化，且合金表面的光滑特征消失，变得凹凸不平。这是因为合金在吸放氢过程中，氢原子的进出导致合金中的晶格产生了严重的膨胀和收缩，使合金中产生了较大的内应力，当应力达到合金的断裂强度后，合金出现开裂，并形成细裂纹，反复的吸放氢加剧了上述过程的发生，大量的裂纹交织出现，使合金逐渐粉化。裂纹的出现能够为氢原子的扩散提供良好的通道，有利于氢原子的进出扩散，使后续的吸放氢更加容易，而合金组织

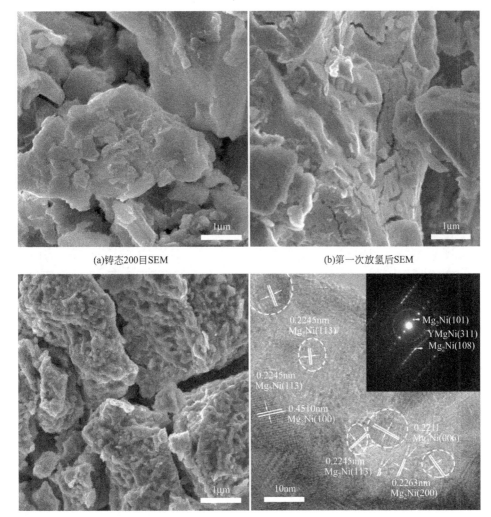

(a)铸态200目SEM

(b)第一次放氢后SEM

(c)第六次放氢后SEM

(d)第六次放氢后HRTEM及衍射图谱

图 4.16　Y1 铸态合金活化过程中的形貌转变

的细化能增加氢原子与合金的接触面积，也利于后续的吸氢反应。为了能够进一步了解活化后合金的结构变化，借助透射电子显微镜对活化后的放氢样品进行了观察［见图4.16(d)］，发现此时的合金中有大量的，尺寸在10nm左右的Mg_2Ni相纳米晶出现，再次证实吸放氢产生应力，造成合金严重粉化。

4.4.2 Y 对 $Mg_{24}Ni_{10}Cu_2$ 合金吸放氢机制的影响

为了能够了解 Y 的添加对合金吸放氢机制的影响，借助成核和生长过程的速率方程［Avrami-Erofeev 方程，见式(3.3)］对合金首次吸氢及活化完成后的吸放氢曲线均进行了拟合，见图4.17。通过拟合的数据能够发现，R^2 值除首次吸氢时的 Y0 和 Y1.5 以外，其余都在 0.98 以上，说明拟合度较好，曲线均符合成核和生长过程的速率方程。在吸氢时，无论合金是首次吸氢还是活化完成后再度吸氢，其 m 值都在 0.43～0.57 内波动，依据动力学反应机制模

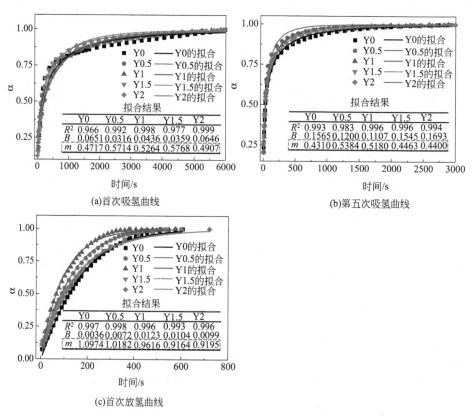

图 4.17　含 Y 铸态合金的吸放氢动力学曲线拟合

型，在吸氢时 m 在 0.54 附近，其动力学方程可以看成 $[1-(1-\alpha)^{1/3}]^2=kt$，表明吸氢过程是以三维扩散的方式完成。同时，拟合数据还呈现出 Y 添加后略有增加和首次吸氢稍高的特点，说明 Y 的添加对其吸氢有一定影响，但是影响较小，同时活化对合金吸氢机制也产生了微量的影响。而放氢时，其 m 值随 Y 的添加量的增多，呈现微微下降的趋势，但均在 1 附近，故其动力学方程被看成 $-\ln(1-\alpha)=kt$ 或者是 $1-(1-\alpha)^{1/3}=kt$，而通过动力学计算后，发现后者更符合实际情况，说明此时氢化物放氢是通过相界反应控制方式完成的。

4.4.3 $Mg_{22}Y_2Ni_{10}Cu_2$ 合金吸放氢过程分析

通过上面的分析可知，不同 Y 含量添加后合金具有相似的吸放氢机制，可以通过分析典型合金的吸放氢过程，进一步掌握合金的吸放氢机制。第 3 章中简要分析了 $Mg_{24}Ni_{10}Cu_2$ 合金的吸放氢过程，了解到 $Mg_{24}Ni_{10}Cu_2$ 合金在吸氢时首先形成 $Mg_2NiH_{0.3}$ 相，之后继续反应生成 Mg_2NiH_4 相。当条件改变后，合金在适宜的条件下能够实现反向放氢。当 Y 添加后对合金的相及组织产生了影响，所以有必要了解含 Y 合金的吸放氢过程，为此以 Y2 合金为例，进行了分析。

为了了解活化过程中合金在不同吸氢量时相的改变，首先选取了合金第一次吸氢的不同阶段 [图 4.18(a) 曲线中的 A～D 点] 进行了 XRD 测试，其各点对应的吸氢质量分数分别是 A 为 0.854%，B 为 1.325%，C 为 1.459% 和 D 为 1.69%，并将测试的 XRD 对比图列于图 4.18(b)。

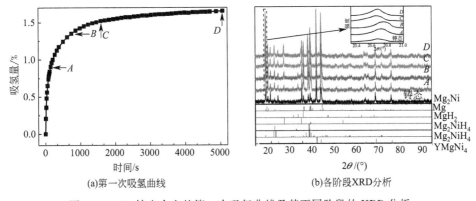

(a)第一次吸氢曲线　　　　　　　(b)各阶段XRD分析

图 4.18　Y2 铸态合金的第一次吸氢曲线及其不同阶段的 XRD 分析

从图 4.18（b）中可以看出，合金在不同的吸氢阶段具有相似的 XRD 衍射峰，且基本都与铸态合金的衍射峰相重合，特别是 Mg_2Ni 和 $YMgNi_4$ 的衍射峰峰位变化不明显。金属及其合金作为储氢材料使用时，其吸放氢过程是分阶段进行的。在吸氢之初，首先形成的是固溶体（α 相），之后才会形成氢化物（β 相）。在图 4.18(a) 中的 A 阶段，可以看出此时是有吸氢发生的，也就是说合金的吸氢相 Mg_2Ni 相及 Mg 相已经开始吸氢，而此时的吸氢量只有 0.854%，说明 Mg_2Ni 相即使已经开始吸氢，也只能是形成固溶体（$Mg_2NiH_{0.3}$），而不会是 Mg_2NiH_4。当第一次吸氢完成后，吸氢量只达到了 1.69%，说明合金相没有能够充分吸氢，也就是说 Mg_2Ni 相没有全部转变为 Mg_2NiH_4，还有部分以固溶体 $Mg_2NiH_{0.3}$ 形式存在。因为 $Mg_2NiH_{0.3}$ 的衍射峰位置与 Mg_2Ni 的基本一致，所以在 XRD 图谱上变化不大。为了能够掌握细节变化，对 XRD 图谱中 $2\theta = 20.4° \sim 21°$ 部分衍射峰进行了放大观察［见图 4.18(b) 中的插图］。从中可以看出，在同一次且同一条件测试下，不同阶段的 Mg_2Ni 相衍射峰峰位有了一些微小的变化，即在 C、D 阶段的位置较 A、B 阶段向小角度方向偏移了约 0.1°，这也能够表明 Mg_2Ni 相吸氢固溶后晶格有所膨胀。

图 4.18(b) 中变化明显的是 Mg 和 MgH_2 的转换。从图中 A、B 阶段的衍射谱可以看出，Mg 单质的衍射峰明显，但随吸氢量的增加，峰值降低，到了 C 阶段时，Mg 的衍射峰已不明显。而在此过程中，MgH_2 的衍射峰从 A 阶段就开始出现，说明 Mg 单质相一开始就参与了吸氢，随吸氢量增加，MgH_2 衍射峰明显增强，在 D 阶段达到最高，表明 Mg 吸氢完成。

另一个值得注意的对象是在铸态合金中占比较大的 $YMgNi_4$ 相，该相同 $REMgNi_4$（RE＝La，Nd 等）一样，属于拉弗斯相（Laves），具有 C15b 结构。这种类型的相在经过高温高压的氢环境后，极易发生氢致非晶化。但本次实验的 XRD 结果显示，经第一次吸氢后 $YMgNi_4$ 相衍射峰没有发生明显变化。

图 4.19 所示为合金活化完成后再次吸氢时的吸氢曲线及不同吸氢阶段的 XRD 图谱，对应第六次吸氢动力学曲线不同阶段取样进行 XRD 测试，见图 4.19(b)。其测试点的吸氢质量分数分别为 E 点 0.964%，F 点 1.525%，G 点 2.01%、H 点 2.352% 和 I 点 3.012%。从中可以看出随着吸氢量增加，衍射谱线发生了明显改变。Mg_2Ni 相和单质 Mg 相的谱线随吸氢量的增加，峰的强度明显降低，在吸氢量为 2.01% 时，Mg 单质峰基本消失，说明其吸氢接近

完成。当吸氢量达到 2.352% 时，Mg 单质峰完全消失，但 Mg_2Ni 峰依然存在，直到吸氢量为 3.012% 时，Mg_2Ni 峰消失，完成了合金的吸氢过程。这说明合金在 3MPa 的氢压下，Mg_2Ni 相和单质 Mg 相同时吸氢。

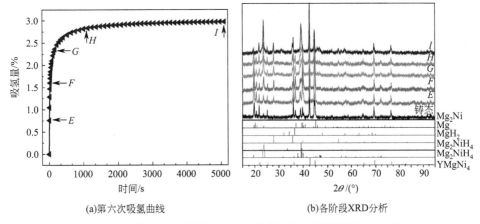

(a)第六次吸氢曲线   (b)各阶段XRD分析

图 4.19   Y2 铸态合金的第六次吸氢曲线及其不同阶段的 XRD 分析

另外，还需要注意的仍然是合金中的 $YMgNi_4$ 相，该相虽经过 300℃ 高温和 3.0MPa 高氢压 5 次反复吸放氢，却仍然观察到了始终如一的衍射峰，而没有发现有明显的非晶化现象，表明该相与其他 $REMgNi_4$（RE=La，Nd 等）相相比，具有较强的结构稳定性。这种现象与文献报道一致，被认为与 $YMgNi_4$ 相中 Mg 和 Y 的 Goldschmidt 半径比稍小有关。图 4.20 所示是合金活化后的背散射照片及 $YMgNi_4$ 相的能谱分析，能够发现 $YMgNi_4$ 相保持了大块状，同时具有尖锐棱角和光滑外表，证实了 $YMgNi_4$ 相在合金吸放氢过程中的稳定性。

为了了解合金在放氢过程中相的转变情况，对 Y2 合金活化后样品不同的放氢阶段取样进行了 XRD 测试，见图 4.21。可以看出，吸完氢的样品中 Mg_2Ni 相全部转变为两种结构的 Mg_2NiH_4 相，Mg 相转变为 MgH_2 相，但 $YMgNi_4$ 相没有发生明显变化。放氢开始后，随着放氢量的逐渐增加，Mg_2NiH_4 衍射峰强度逐渐弱化，而与此同时 Mg_2Ni 衍射峰在显著增加。但 MgH_2 相在样品放氢量达到 2.169% 之前保持稳定，在放氢结束后消失，同时出现了 Mg 单质。上述分析表明合金在放氢过程中，首先放氢的是 Mg_2NiH_4 相，而 MgH_2 相放氢较晚。

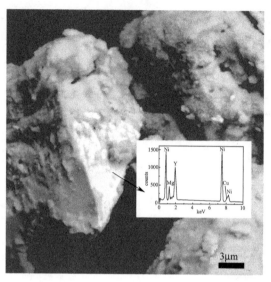

图 4.20 Y2 合金活化后的背散射照片及 YMgNi$_4$ 相的能谱分析

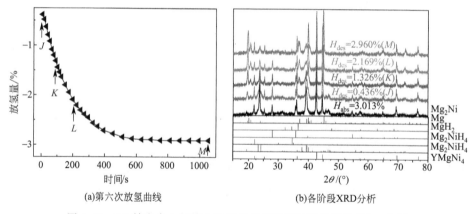

(a)第六次放氢曲线   (b)各阶段XRD分析

图 4.21 Y2 铸态合金的第六次放氢曲线及其不同阶段的 XRD 分析

4.4.4 Y 对 Mg$_{24}$Ni$_{10}$Cu$_2$ 合金气固储氢放氢动力学性能的影响

图 4.22 所示为添加了 Y 的铸态合金，分别在 280℃、300℃、320℃、340℃四个温度下的放氢曲线。所有合金的放氢曲线均显示，随放氢温度的下降合金的放氢能力降低。这种能力的降低既表现在放氢速率上，也表现在放氢量会出现稍稍不同。但当温度达到 300℃ 及以上时，放氢温度就只决定放氢速率，而不再影响放氢量。当温度达到了 340℃ 时，所有合金均可以在 200s 内完成放氢。

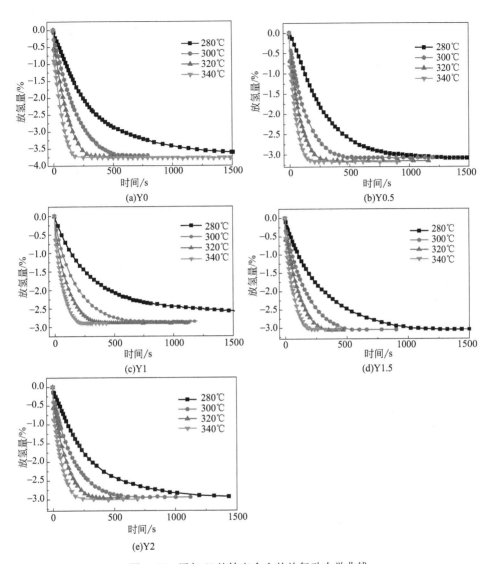

图 4.22　添加 Y 的铸态合金的放氢动力学曲线

第 3 章在涉及动力学计算时，讨论了有关动力学计算模型的选择。另外，在本章第 4.4.2 节对 Y 添加后合金的放氢机制进行了分析，通过 Avrami-Erofeev 方程拟合后发现，其 m 值随 Y 的添加，虽然呈现微微下降的趋势，但均在 1 附近，故其动力学方程模型可以看成是随机形核和随后长大方式模型 $-\ln(1-\alpha)=kt$，或者是边界控制反应模型 $1-(1-\alpha)^{1/3}=kt$，经过实际计算，发现后者更为适合。为此计算氢化物在 280℃、300℃、320℃和 340℃四个温度下的反应率 α，并绘制了四个温度下放氢时的 $1-(1-\alpha)^{1/3}$ 与时间 t 的对应曲线，并将其线性拟合，见图 4.23。拟合后发现每条曲线都具有较好的线性化，其 R^2 均在 0.98 以上，取其线性化时对应的斜率 k 值，这样可以根据四个温度下各自对应的 k 值，利用阿伦尼乌斯（Arrhenius）定律［式（1.5）和式（1.6）］确定活化能。

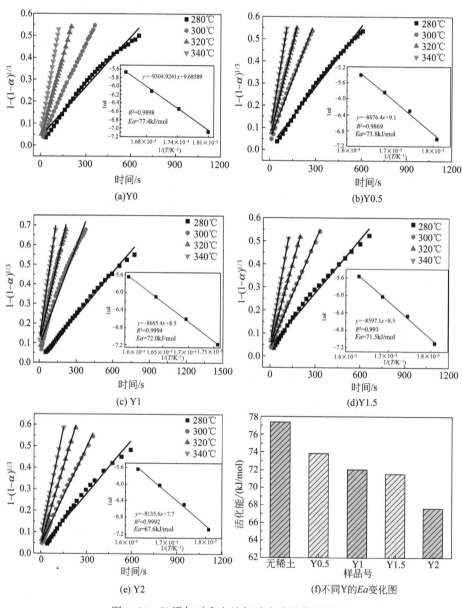

图 4.23　Y 添加对合金放氢动力学性能的影响

这样，合金放氢的活化能就可以通过 $\ln k$ 和 $1/T$ 对比图［见图 4.23(a) ～ (e) 中的插图］而获得，并将获得的活化能列于图 4.23(f) 中。从中可见，Y 的添加能够显著降低合金氢化物的放氢活化能，由 Y0 合金的 77.4kJ/mol 逐渐减小到 Y0.5 的 73.8kJ/mol，Y1 的 72.0kJ/mol，Y1.5 的 71.5kJ/mol 和 Y2 的 67.6kJ/mol。由图 4.8 的铸态组织能够发现，Y 的添加能够细化合金晶粒，增加晶界面积，有利于合金中氢原子的进出，从而降低合金放氢的活化能，提高合金的放氢动力学性能。

4.4.5　Y 对 $Mg_{24}Ni_{10}Cu_2$ 合金氢化物热稳定性的影响

图 4.24 所示是五种含 Y 铸态合金饱和吸氢后以 10℃/min 及 Y2 合金以 3℃/min、5℃/min、10℃/min、20℃/min 四种速率升温时的 DSC 曲线。从图 4.24(a) 中能够发现，所有合金都有一个峰位在 240℃附近的小吸热峰，同时还有一个与第一个吸热峰相差位置较远的大的吸热峰，且第二个吸热峰的峰位因材料不同而偏差较大。其中第一个小吸热峰被认为是高低温结构 Mg_2NiH_4 相的转变点，详细情况将在后面讨论，第二个峰则是 Mg_2NiH_4 相的放氢峰。通过第二个峰的表现发现 Y 的添加降低了放氢的开始温度及放氢峰的温度点，其 Y0、Y0.5、Y1、Y1.5 和 Y2 五种合金的放氢峰温度点分别为 356.4℃、327℃、309℃、323.2℃ 和 293.9℃，充分说明 Y 的添加降低了合金的热稳定性。

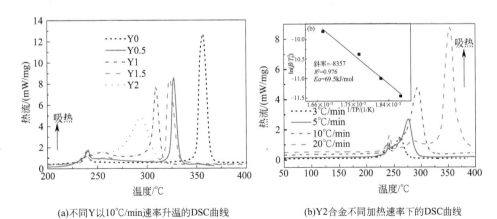

(a)不同Y以10℃/min速率升温的DSC曲线　　(b)Y2合金不同加热速率下的DSC曲线

图 4.24　Y 添加铸态合金放氢 DSC 曲线

通过上述分析，在五种合金中，Y2 合金具有最低的放氢温度，对其进行分析可以进而推断其他加 Y 合金的性能。为此，将 Y2 合金氢化物以 3℃/min、5℃/min、10℃/min 和 20℃/min 的加热速率对其进行 DSC 测试，结果如图 4.24(b) 所示。可以发现每条氢化物也都有两个放热峰，而且无论升温速率如何，合金也都会在约 240℃ 的位置出现一个小的放热峰。除此外，每个温度下还都出现一个随加热速率升高而峰位后移的放热峰，此放热峰是氢化物的放氢峰，借助此温度，利用 Kissinger 方程 [式(4.6)]，可以计算此时的活化能。

$$d[\ln(\beta/T_p^2)]/d(1/T_p) = -E_a/R \tag{4.6}$$

式中，β 为加热率；T_p 为峰值温度；E_a 为放氢活化能；R 为标准气体常数。β 与 T_p 的对应关系如图 4.24(b) 中插图所示。可见 $\ln(\beta/T_p^2)$ 与 $1/T_p$ 具有良好的线性关系，其中斜率为 E_a/R。通过 Kissinger 方程计算得到的合金放氢活化能为 69.5kJ/mol，与前述中 Arrhenius 方法得到的值非常接近。

为了了解上述 DSC 曲线的小吸热峰的意义，以及 DSC 测试过程中的相变化，对 DSC 曲线中的不同点（即测试时加热到的不同温度）进行了取样，并进行 XRD 测试分析。图 4.25(a) 是 Y2 吸氢合金以 5℃/min 的速率升温到不同温度的 DSC 曲线。图中升温到 400℃ 的曲线显示出有两个明显的吸热峰，其峰位分别为 239℃ 和 332.3℃。加热目标为 210℃ 和 285℃ 的两条曲线，在升温段都只有一个吸热峰，其中 285℃ 的曲线，峰位也在 239℃ 的位置上。由于设备的热惯性，加热目标为 210℃ 的会继续升温到了 249.2℃，并在 240.7℃ 时出现了一个小的吸热峰，这可能是升温速率降低导致此吸热峰峰位比 239℃ 约高 1.7℃。结合文献报道，认为升温时每条曲线的第一个峰都是 LT-Mg₂NiH₄ 相向 HT-Mg₂NiH₄ 相的晶型转变点。在降温过程中，升温目标不同的 DSC 曲线，降温曲线也表现不同。加热目标分别为 210℃ 和 285℃ 的两条降温曲线在约 232℃ 时，均出现了一个小的放热峰 [图 4.25(a) 中插图]，该峰则是由 HT-Mg₂NiH₄ 相向 LT-Mg₂NiH₄ 相的晶型转变造成的，升温时的 239℃ 与降温时的 232℃ 是相互对应的晶型转变温度点，两者之所以出现 7℃ 差值，是因为相转变必须要有过热度或者过冷度。加热目标为 306℃ 和 400℃ 所对应的曲线经历了第二个放热峰，在降温过程中，曲线较为平滑，没有明显的峰出现，说明峰位为 332.3℃ 的放热峰是由 HT-Mg₂NiH₄ 相的放氢造成的。在 5℃/min 加热速率下，氢化物在 297.8℃ 开始放氢，放氢峰对应最高点为 332.3℃。

为了探究在上述 DSC 测试过程中合金的放氢与相转变的情况，将上述不同加热目标的样品均进行了 XRD 测试，结果见图 4.25(b)。加热到180℃的合金没有经历任何吸放热峰，意味着材料没有相变发生，所以此时的 XRD 结果与吸氢后的样品一致，衍射峰中包括了高低温的 Mg_2NiH_4 相、MgH_2 相和 $YMgNi_4$ 相。当加热目标为 210℃（实际达到249.2℃）时，升温曲线虽经历了第一个吸热峰，但此时样品的 XRD 图谱与180℃时的基本一致，这也再次证明第一个吸热峰就是 Mg_2NiH_4 相的晶型转变点。当加热到 285℃时，XRD 图谱发生了改变，有一定量的 Mg_2Ni 相出现，这主要是因为实际加热温度达到了306.2℃，超过了合金氢化物开始放氢的297.8℃，使部分 Mg_2NiH_4 相放氢，导致材料中有一定量的 Mg_2Ni 生成。此时没有发现 Mg 相，说明 MgH_2 相还没有放氢。当加热目标为 306℃时，DSC 曲线的吸氢峰很不完整，但在降温曲线中，也没有发现放热峰，说明到此温度绝大部分 Mg_2NiH_4 相已参与了放氢，同时有了 Mg 相峰，说明 MgH_2 相也已放氢。当加热目标为400℃时，合金完成了全部的放氢过程，衍射峰也表明合金 Mg_2NiH_4 相已经全部转变为 Mg_2Ni 相，并能够看出与306℃的样品存在明显不同，Mg 相峰明显增加，说明在放氢后期，两种氢化物一起放氢，这与动力学测试时等温放氢的情况类似。Mg_2NiH_4 相首先开始放氢是得力于 Mg_2NiH_4 相的动力学性能好于 MgH_2 相，同时 MgH_2 相的存在起到了一定的催化作用，加快了 Mg_2NiH_4 相的放氢，当 Mg_2NiH_4 相放氢到后期时，周围的 MgH_2 源源不断地将 H 原子递给 Mg_2Ni，继续放氢，最终 MgH_2 相与 Mg_2NiH_4 相一起完成放氢。

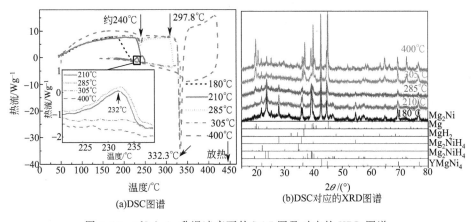

图 4.25　5℃/min 升温速率下的 DSC 图及对应的 XRD 图谱

4.4.6 Y 对 Mg$_{24}$Ni$_{10}$Cu$_2$ 合金氢化物热力学性能的影响

图 4.26 所示为 Y 添加后合金的 PCT 曲线及对应的 Van't Hoff 曲线。因为 Y 添加后合金中的组成相包括了 Mg$_2$Ni 相、Mg 相和 YMgNi$_4$ 相，其中 Mg$_2$Ni 相和 Mg 相为主要吸氢相，同时 Mg$_2$Ni 相与 Mg 相相比具有更高的吸放氢平台。所以在所有合金的 PCT 曲线中，吸放氢曲线都有两个平台，其中低平台对应的是 Mg/MgH$_2$ 吸放氢反应过程，而高平台对应的则是 Mg$_2$Ni/Mg$_2$NiH$_4$ 吸放氢反应过程。有关合金相组成的分析指出，五种铸态合金具有不同的相含量，而每种相都具有不同的吸氢能力，在各种相的综合作用下，不含稀土的 Y0 合金具有最大的吸氢量（3.8%），其他加 Y 合金具有相似的吸氢量（都在 3.0% 附近）。同时所有 PCT 曲线中的平台都有一定倾斜，吸放氢平台间存在着明显的滞后效应。利用 PCT 曲线中的平台压，通过 Van't Hoff 方程 [式(1.4)]，可以获得合金吸放氢反应焓变（ΔH）和熵变（ΔS），见表 4.7。可以看出，Y 的添加明显改善了合金中 Mg$_2$Ni/Mg$_2$NiH$_4$ 的热力学性能，降低了合金的吸放氢热力学参数值，但随 Y 添加量的增加，虽仍能改善合金热力学性能，但改善程度变小。其中 Mg$_2$Ni 相的吸氢反应 ΔH 和 ΔS 由 Y0 合金的 -59.2kJ/mol H$_2$ 和 -113.7J·K^{-1}·mol^{-1} H$_2$ 降低到 Y2 合金的 -50.5kJ/mol H$_2$ 和 -100.7J·K^{-1}·mol^{-1} H$_2$，放氢反应 ΔH 和 ΔS 则由 Y0 合金的 67.1kJ/mol H$_2$ 和 123.1J·K^{-1}·mol^{-1} H$_2$ 降到 Y2 合金的 61.1kJ/mol H$_2$ 和 115.4J·K^{-1}·mol^{-1} H$_2$。

表 4.7 不同 Y 量添加后合金的热力学计算结果

	Mg-H$_2$				Mg$_2$Ni-H$_2$			
	吸氢		放氢		吸氢		放氢	
	ΔH/ (kJ/mol)	ΔS/ J·K^{-1}·mol^{-1}	ΔH/ (kJ/mol)	ΔS/ J·K^{-1}·mol^{-1}	ΔH/ (kJ/mol)	ΔS/ J·K^{-1}·mol^{-1}	ΔH/ (kJ/mol)	ΔS/ J·K^{-1}·mol^{-1}
Y0	-83.2	-141.7	85.5	145.2	-59.2	-113.7	67.1	123.1
Y0.5	-76.3	-128.1	78.0	128.9	-56.9	-108.0	62.9	113.8
Y1	-76.8	-131.9	78.0	132.5	-53.6	-104.3	63.7	117.4
Y1.5	-76.0	-130.2	76.2	130.6	-54.7	-107.9	62.6	117.6
Y2	-77.1	-131.9	78.0	132.5	-50.5	-100.7	61.1	115.4

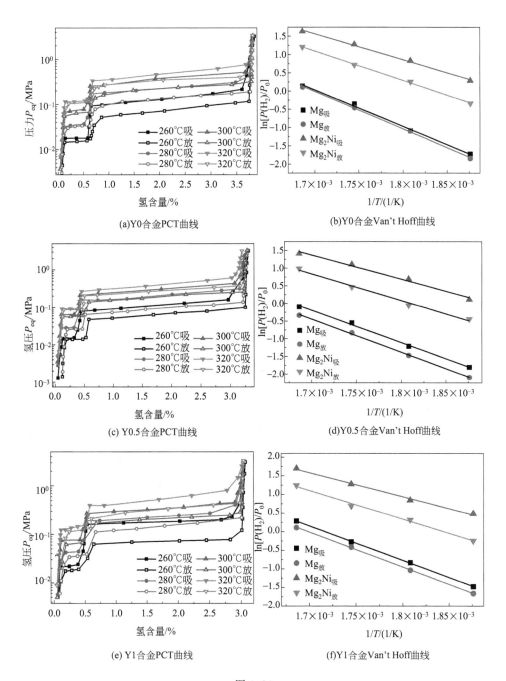

(a)Y0合金PCT曲线

(b)Y0合金Van't Hoff曲线

(c) Y0.5合金PCT曲线

(d)Y0.5合金Van't Hoff曲线

(e) Y1合金PCT曲线

(f)Y1合金Van't Hoff曲线

图 4.26

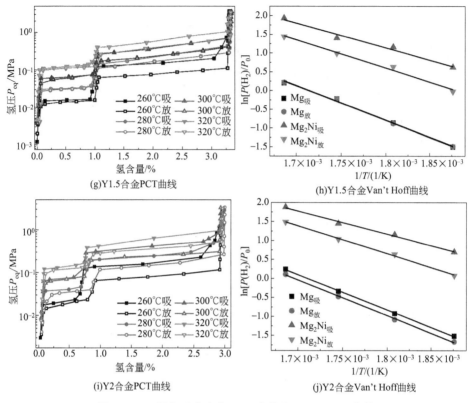

图 4.26 Y 添加后合金的 PCT 曲线及 Van't Hoff 曲线

4.5 Y 对 $Mg_{24}Ni_{10}Cu_2$ 合金气固储氢性能影响的分析

4.5.1 Y 对 $Mg_{24}Ni_{10}Cu_2$ 合金吸放氢过程中相变的影响

图 4.27 所示为 Y 添加合金经过吸放氢循环后的 XRD 图谱。从中可以看出,合金在吸氢时形成的氢化物主要是 Mg_2NiH_4 和 MgH_2 相,在第 3 章的分析中发现 Y0 合金吸氢后除了有 Mg_2NiH_4 和 MgH_2 相生成外,还有 $MgCu_2$ 相产生。加 Y 合金吸氢后除了有 Mg_2NiH_4 和 MgH_2 相外,还存在 $YMgNi_4$ 相,但因 $MgCu_2$ 相的衍射峰与 $YMgNi_4$ 相衍射峰峰位太过相近,通过 XRD 图谱难以判定含 Y 合金吸氢后是否有 $MgCu_2$ 相产生,而通过对 Y2 合金吸氢样的透射电镜下的面扫(见图 4.31),判断出含 Y 合金吸氢有 $MgCu_2$ 相产生。氢化物放氢后,合金中的相组成变为 Mg_2Ni 相、Mg 相及 $YMgNi_4$ 相,证明反应能够逆向进行,而在 Y2 合金中的放氢样中出现了 YH_2 和 NiY_3 等相的衍射峰。

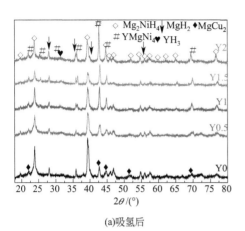 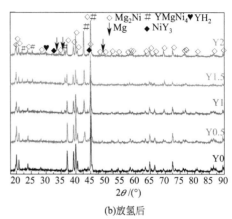

(a)吸氢后 (b)放氢后

图 4.27 Y 添加合金经过吸放氢循环后的 XRD 图谱

为了了解合金经过循环后其相组成的变化情况,将 Y0 和 Y2 合金放氢后样品的 XRD 数据进行了全谱拟合,见图 4.28,其结果列于表 4.8。从中发现,与铸态合金相比,经过吸放氢循环后,合金中无论是相组成的比例,还是相的结构参数都发生了一定的变化。Y0 合金中 Mg_2Ni 相晶格常数明显高于铸态合金,这是样品吸氢后晶格膨胀的遗留,同时发现单质 Mg 相的含量由铸态的 5.85%,上升为 8.3%。Y2 合金中除了保留下原来的 Mg_2Ni 相、Mg 相和 $YMgNi_4$ 相外,还留有 NiY_3 相和 YH_2 相。尤其值得注意的是 $YMgNi_4$ 相由铸态时的 45.3%,减小为现在的 18.5%,而 Mg_2Ni 相和 Mg 相分别由原来的 52.3% 和 2.5% 上升到现在的 71.0% 和 8.6%,这表明合金在经过高温和反复

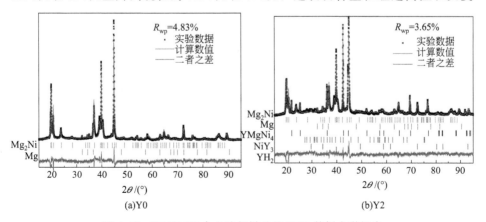

(a)Y0 (b)Y2

图 4.28 Y0 和 Y2 合金放氢样品的 XRD 数据全谱拟合

吸放氢的双重作用下，合金内部原子有重排的可能。特别是 $YMgNi_4$ 相，该相在铸态时其 Mg/Y 原子比并不是 1，所以其稳定性不高，当有驱动力，如高温、吸放氢等发生作用时，原子将发生重排，使 $YMgNi_4$ 相中的 Y/Mg 原子比更接近于 1，同时可能出现一些其他的新相。

表 4.8　Y0 和 Y2 合金吸放氢循环后放氢样品的 XRD 拟合结果

样品	R_{wp}/%	相	空间群	晶格常数/Å			含量/%
				a	b	c	
Y0	4.83	Mg_2Ni	$P6_222$	5.2219	—	13.3655	91.7
		Mg	$P6_3/mmc$	3.2135	—	5.2181	8.3
Y2	3.65	Mg_2Ni	$P6_222$	5.2213	—	13.3798	71.0
		Mg	$P6_3/mmc$	3.2122	—	5.2129	8.6
		$YMgNi_4$	$F\bar{4}3m$	7.0360	—	—	18.5
		NiY_3	Pnma	6.9380	9.6421	6.3711	1.54
		YH_2	$Fm\bar{3}m$	5.2032	—	—	0.34

4.5.2　Y 对 $Mg_{24}Ni_{10}Cu_2$ 合金吸放氢过程中显微组织及微观结构的影响

图 4.29 所示是五种不同 Y 含量的铸态合金，在经过吸放氢后的背散射形貌。通过这些形貌的变化可以发现，合金经过反复吸放氢后，样品形貌与铸态相比，失去了较为光滑的表面，合金中的主要吸氢相 Mg_2Ni、Mg 都明显粉化，同时在这些组织中有较多类似于气孔的小孔洞。在 Y0 合金的吸放氢组织中，都只见到了灰白两种颜色的组织，与铸态组织相符合。而添加了 Y 后，合金中的组织变成了白色、浅灰色和深灰色三种衬度，这也与铸态分析结果是一致的。同时在这些合金中发现了与铸态时不一致的细小白色析出相，结合能谱分析，图 4.29(c) 中的白色析出物应该是 NiY_3 相。图 4.29(e)、(f) 在第 3 章已经得到了分析，相对比其他的材料，Y1 合金的吸放氢样品有着更多吸放氢气孔存留。Y2 合金吸氢后的组织如图 4.29(i) 所示，对白色的区域进行能谱分析后发现，其 Y/Mg/(Ni+Cu) 为 0.29/0.29/1.13，完全符合 $YMgNi_4$ 相的组成原子比，这直接证实了上节中关于 Y2 合金经过反复吸放氢后，$YMgNi_4$ 相大幅度减少原因的推测，说明 Y、Mg 原子在高温和吸放氢过程中进行了调整，Y/Mg 的值由铸态的偏离 1，转到了此时的符合 1，提高了 $YMgNi_4$ 相的稳定性。

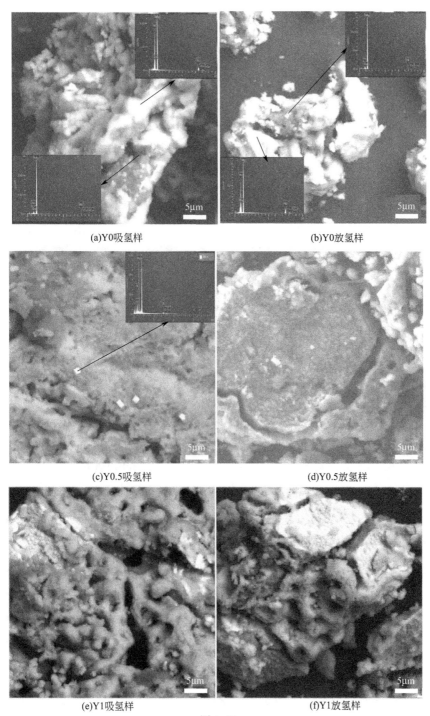

(a)Y0吸氢样   (b)Y0放氢样

(c)Y0.5吸氢样   (d)Y0.5放氢样

(e)Y1吸氢样   (f)Y1放氢样

图 4.29

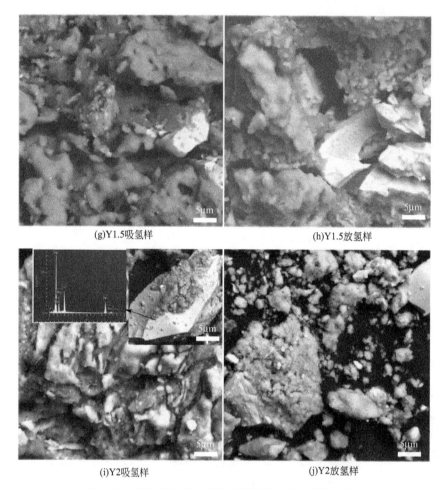

(g)Y1.5吸氢样   (h)Y1.5放氢样

(i)Y2吸氢样   (j)Y2放氢样

图 4.29 添加 Y 的合金吸放氢循环后 SEM 背散射形貌

为了能够进一步了解合金吸放氢后的显微结构变化，对 Y2 合金吸放氢样品进行了透射电子显微镜的分析，见图 4.30、图 4.31 和图 4.32。从图 4.30 中不难发现吸氢样品在 TEM 暗场像中有小的颗粒存在，高分辨照片及选区衍射显示合金吸氢后的氢化物主要是 Mg_2NiH_4、MgH_2 和少量的 YH_3 相，其中还存有直径不到 10nm 的 Mg_2NiH_4 纳米晶。这说明合金在反复吸放氢的过程中，晶格不断膨胀收缩，造成合金内部产生较大应力，且在不断变化，使合金逐渐粉化，并形成大量的细小颗粒，甚至是纳米晶。同时还发现晶粒中有 $MgNi_2$ 存在，这种相在对未吸氢铸态合金及吸放氢后样品的 XRD 分析时，都没有发现，说明其含量较少。在对有关合金结晶分析时发现 Y2 合金结晶过程中，若实现平衡结晶是没有 $MgNi_2$ 相形成的。另外在前面的分析中，发现合

金在吸放氢过程中 $YMgNi_4$ 相的原子重新排列组合，形成稳定相，同时也可能会产生 $MgNi_2$ 相。

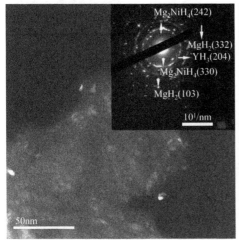

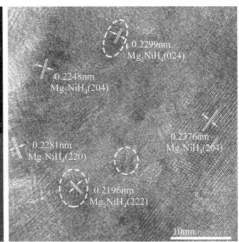

(a)暗场及选区衍射 (b)高分辨观察一

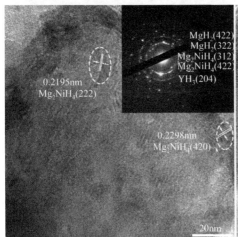

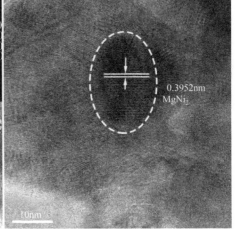

(c)高分辨观察二及选区衍射 (d)高分辨观察三

图 4.30 Y2 合金吸氢样品的透射电镜观察

在上面的分析中发现合金在吸氢过程中，有 Y 的氢化物产生，同时没有发现 Cu 元素的变化情况，为此借助透射电镜及能谱对 Y2 合金吸氢样品做了 EDS 分析，见图 4.31。通过对选定区域内的形貌观察发现，合金中物质分布不够均匀，颜色深浅不一，借助能谱的面扫功能，对合金中的组成元素分布情况进行了分析，同时发现在合金形貌的左上部浅色区域中的元素密度较低，但

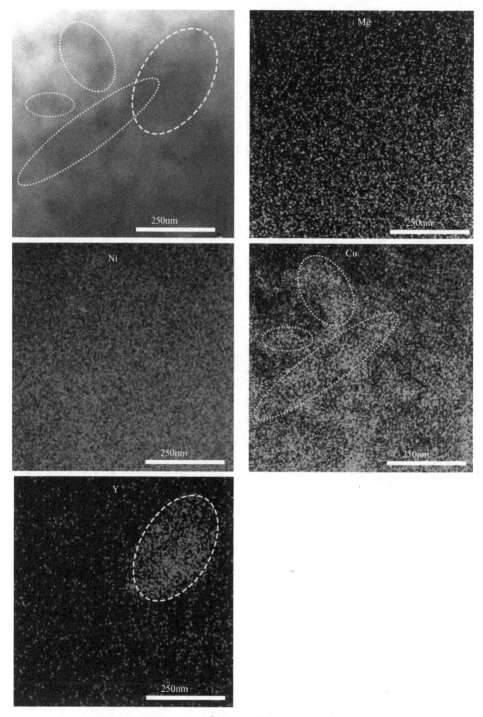

图 4.31　Y2 合金吸氢样品的 EDS 分析

整体来看 Mg 和 Ni 两种元素的分布呈现均匀一致的特点。但 Cu 和 Y 的分布出现明显不同，在图 4.31 中点线圈中的部分 Cu 元素呈现出比其他区域更加明亮的特点，按照反应产物分析，应该是 $MgCu_2$ 相，但因为此相与 $YMgNi_4$ 相具有近似相同的 XRD 衍射峰峰位，所以没有出现在 XRD 图谱［图 4.27(a)］中。形貌图下方呈现出比其他区域稍暗一些的特征，这可能是由此处样品粉末厚度较大而造成的，同时发现此处 Ni 的密度较高，Mg 的分布也较为均匀，说明此处更多是 $Mg_2(Ni，Cu)H_4$ 相。Y 的分布则对应形貌图的短线圈部分，与其他地方相比，呈现出较深的灰度。从 Y 的分布图可以看出，几乎所有的 Y 元素都集中在此处，说明此处是含 Y 的组织。同时，发现此处的其他三种元素不但分布较为均匀，而且与其他地方相比，具有较低的密度，结合前面的分析可知，该处是 Y 的氢化物 YH_3 相。

图 4.32 所示是 Y2 合金放氢后的透射电子显微镜下的形貌观察、高分辨照片及选区衍射分析。从中可以看出，放氢后的显微形貌中也包含有一些直径不超过 20nm 的纳米级颗粒物，而高分辨照片显示放氢样品中也的确包括了纳米级的 Mg_2Ni、YH_3 和 YH_2 相，这与相分析的结果相一致。文献报道中作为原位催化剂的 YH_3 和 YH_2 相，可以明显改善合金的吸放氢性能。

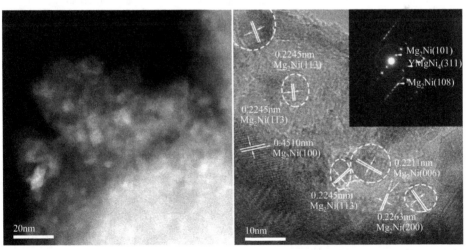

(a)形貌观察　　　　　　　　　　(b)高分辨照片一及选区衍射

图 4.32

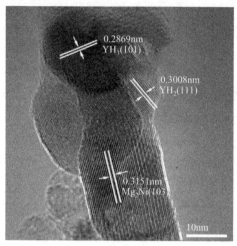

(c)高分辨照片二

图 4.32　Y2 合金放氢样品的形貌、高分辨照片及选区衍射

4.6　Cu 对 Mg$_2$NiH$_4$ 放氢性能影响的第一性原理分析

通过前面的分析可知，合金中的大部分 Cu 元素被用来实现对 Mg$_2$Ni 相中 Ni 元素的替代，其氢化物必然也会受此影响。同时发现 Y 的添加促进了 Cu 在 Mg$_2$Ni 相中的固溶，这也会对合金氢化物产生影响。本部分借助第一性原理对 Cu 元素存在对 Mg$_2$NiH$_4$ 放氢性能的影响进行讨论。

第一性原理的计算使用的是模拟软件包（VASP）。用投影增强平面波（PAW）方法描述了离子-电子相互作用，并利用 Perdew Burke Ernzerhof（PBE）中的广义梯度近似（GGA）描述了交换相关函数。第一布里渊区的采样是用 $4\times4\times2$k 点进行的，截止能量为 400eV。每个原子的能量和力的收敛准则分别为 1×10^{-5}eV 和 1×10^{-2}eV/Å。

HT-Mg$_2$NIH$_4$ 在具有空间群 Fm$\bar{3}$m（NO.225）的面心立方结构中结晶，晶体结构如图 4.33 所示。根据 García 模型，Ni 原子和 Mg 原子分别占据 4a 和 8c 的 Wyckoff 位，H 原子位于 96j 的 Wyckoff 位，具有规则的四面体分布。HT-Mg$_2$NIH$_4$ 的晶格常数为 $a=6.488$Å，与文献有较好的一致性。

为了研究 Ni 原子被 Cu 原子取代的 HT-Mg$_2$NiH$_4$ 体系的稳定性，构建了一个由 56 个原子组成的 $1\times1\times2$ 超级晶胞，研究了 Cu 原子取代对形成能的影响。铜掺杂原子的数量从 1 个到 2 个不等，对应的掺杂浓度为 1.79％～

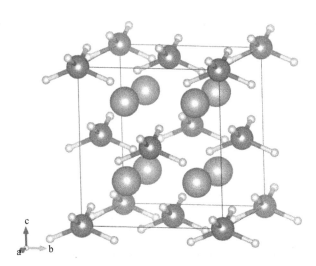

图 4.33 HT-Mg$_2$NiH$_4$ 晶体结构（大球代表镁原子，中球代表镍原子，小球代表氢原子）

3.58%。形成能ΔH_f可通过以下方法获得：

$$\Delta H_f = \frac{E(\text{Mg}_{16}\text{Ni}_{8-x}\text{Cu}_x\text{H}_8) - 16E(\text{Mg}) - (8-x)E(\text{Ni}) - xE(\text{Cu}) - 8E(\text{H})}{56}$$

(4.7)

式中，$E(\text{Mg}_{16}\text{Ni}_{8-x}\text{Cu}_x\text{H}_8)$ 为系统中的总能量；$E(\text{Mg})$，$E(\text{Ni})$，E(Cu) 和 E(H) 分别为纯 Mg，Ni，Cu 和 H 的原子能。

计算得到纯 HT-Mg$_2$NiH$_4$ 的形成能为-1.50eV，Cu 掺杂后，一个和两个 Cu 原子掺杂的形成能分别增加到-1.47eV 和-1.44eV。可以看出，随着掺杂浓度的不断增加，形成能也逐渐上升，这个体系不稳定性也随之增加，利于 HT-Mg$_2$NiH$_4$ 相的放氢。

4.7 本章小结

① 随着 Y 添加量的增加，基体组织逐渐由树枝晶演变为共晶组织，晶粒明显细化，在减少了主相 Mg$_2$Ni 的同时提高了 YMgNi$_4$ 相的含量，当为 Y2 时，铸态 YMgNi$_4$ 的含量达到了 45.27%。另外随着 Y 添加量的增加，Mg$_2$Ni 及 YMgNi$_4$ 相的晶格常数也增加。

② 通过第一性原理计算，证实 Mg 原子能够替代 Y 原子在 YMgNi$_4$ 相晶格中的部分位置，形成 Y$_{1-x}$Mg$_{1+x}$Ni$_4$ 相，但稳定性低于 YMgNi$_4$ 相。

③ 电化学测试结果表明，Y 的添加降低了合金的最大放电比容量，但明

显改善了合金的循环稳定性和动力学性能。综合性能以 Y1 为最好。

④ 气态吸氢测试表明，Y 的添加对合金的活化性能影响不大，但却降低了合金的吸氢量。合金在吸氢时首先是由 Mg_2Ni 转变为 $Mg_2NiH_{0.3}$，然后进一步转变为 Mg_2NiH_4。吸氢时 Mg 相与 Mg_2Ni 相同时吸氢，放氢时 Mg_2NiH_4 相先放氢，而 MgH_2 相后放氢。

⑤ Y 添加量的改变并不影响合金的吸放氢机制。吸氢过程是以三维扩散的方式完成，放氢是以相界反应控制方式完成的。

⑥ Y 替代明显改善了合金放氢动力学性能，随着 Y 替代量的增加，活化能从 Y0 合金的 77.4kJ/mol 降到了 Y2 合金的 67.6kJ/mol。同时 Y 添加后能够明显改善合金的热力学性能，其中 Mg_2Ni 相的吸氢反应ΔH 和ΔS 由 Y0 时的 -59.2kJ/mol H_2 和-113.7J $\cdot$ K^{-1} $\cdot$ mol^{-1} H_2 降低为 Y2 时的-50.5kJ/mol H_2 和-100.7J $\cdot$ K^{-1} $\cdot$ mol^{-1} H_2，放氢反应ΔH 和ΔS 则由 Y0 时的 67.1kJ/mol H_2 和 123.1J $\cdot$ K^{-1} $\cdot$ mol^{-1} H_2 降低为 Y2 时的 61.1kJ/mol H_2 和 115.4 J $\cdot$ K^{-1} $\cdot$ mol^{-1} H_2。但随 Y 添加量增加，对合金热力学性能的改善作用减小。

⑦ 实验发现 Cu 元素对 Ni 元素的替代降低了 Mg_2NiH_4 氢化物的稳定性，利于合金的放氢性能改善，并通过第一性原理的计算证实了上述结果。Y 添加量的增加促进了 Cu 对 Ni 的替代，进而提高了合金的放氢性能。

第5章

球磨时间对稀土镁镍合金的
微观结构及储氢性能的影响

通过第 3 章及第 4 章的分析，发现稀土的添加对 $Mg_{24}Ni_{10}Cu_2$ 合金的组织及结构均有明显的影响，同时对合金的性能也起到了显著的改善作用，但不同的稀土及不同的添加量影响有所不同，将所研究的众多合金进行对比，发现 $Mg_{23}YNi_{10}Cu_2$ 合金有着较好的性能。但无论是电化学储氢性能还是气固储氢性能，$Mg_{23}YNi_{10}Cu_2$ 合金还需进一步改进。通过第 1 章的介绍，我们知道改善 Mg-Ni 基合金性能的办法除了合金化以外，另一个最为有效的办法就是改变制备工艺，如采用球磨、快淬等方法，获取具有纳米晶或非晶结构的材料，可以进一步改善合金的储氢性能。

机械合金化技术已被证明是一种新的有前途的合金形成方法，特别是在制备各种合金体系的非平衡材料方面。在过去的几十年里，机械合金化方法广泛应用于储氢材料的制备，特别是镁基储氢材料的制备。但不同的球磨工艺参数对合金的性能影响差别较大，这些参数主要包括球磨时间、球料比、球磨机转速等，其中球磨时间对材料性能的影响最大。鉴于此，采用不同的时间，固定其他工艺参数对 $Mg_{23}YNi_{10}Cu_2$ 合金进行球磨制备，以此来研究球磨时间对材料显微组织结构、电化学储氢性能和气固储氢性能的影响。

5.1 球磨时间对稀土镁镍合金微观结构及显微组织的影响

为了能够掌握合金在球磨过程中的组织及结构的变化情况，将 $Mg_{23}YNi_{10}Cu_2$ 合金粉，按照第 2 章的球磨参数分别进行了 10h、20h、30h 和 40h 四个时间的球磨，并将球磨后合金与铸态合金一起进行 XRD 的对比分析，见图 5.1。从中能够看出，铸态合金具有十分尖锐的衍射峰，说明合金具有较好的晶体特征，同时很容易发现在合金的衍射峰中，包括了 Mg_2Ni、$YMgNi_4$

和 Mg 三种相的衍射峰。观察发现球磨过程对合金的衍射峰产生了十分明显的影响，首先是球磨后合金的衍射峰出现了明显的宽化现象，不再像铸态时那样尖锐，说明合金的晶化程度降低，晶粒细化，逐渐成为纳米晶或者非晶体，同时还发现这种现象随着球磨时间的延长，变得愈加明显，说明球磨时间对晶体结构变化影响显著。此外，还发现代表不同相的衍射峰的宽化程度存在着明显的差异，通过对图谱中 32°～35.5°部分的放大，能够清楚地发现在铸态合金中存有十分明显的单质 Mg 的衍射峰。随着球磨时间的延长，峰强逐渐变弱，当球磨时间达到 30～40 h 时，呈现出基本消失的状态。Mg_2Ni 相的衍射峰也出现了明显的宽化和峰强减弱的现象，球磨时间达到 30～40 h 时，与铸态乃至球磨 10～20 h 的相比，衍射峰宽化明显，但未消失，弱于 Mg 相峰的变化。另一个重要相 $YMgNi_4$ 的峰，虽然也发生了明显的宽化和峰强的降低，但降低的程度小于其他两相，球磨到 40h，还保持着尖锐的特征。为了掌握合金各相在球磨过程中的变化原因，测试了铸态合金中各组成相的显微硬度，其 $YMgNi_4$ 相的显微硬度值是 286.2 HV，而 Mg_2Ni 相则是 189.3HV，$YMgNi_4$ 相的硬度值较 Mg_2Ni 相高出了 51%。尽管两种相都是金属间化合物，也都有较高的硬度和脆性，但 $YMgNi_4$ 相属于拓扑密堆相（Topological Close-packed Phase，TCP）中的拉弗斯相（Laves），其晶体结构中的空间利用率和配位数都较高，有着比 Mg_2Ni 更高的硬度，在球磨过程中耐磨性较好，保持了一定的原有晶体特征。Mg 是一种具有密排六方结构，塑性变形能力较差的金属单质，其强度、硬度低于 $YMgNi_4$ 和 Mg_2Ni 相，加之其含量较低，所以首先被

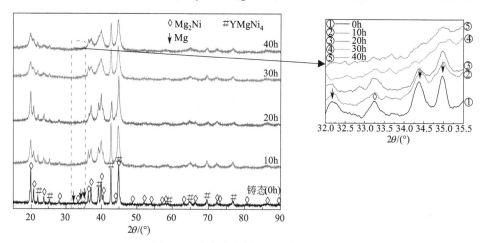

图 5.1　球磨合金的 XRD 对比图谱

破坏，最终导致其晶体衍射峰消失。

图 5.2 所示是 $Mg_{23}YNi_{10}Cu_2$ 铸态合金经过不同时间球磨后的背散射照片。在粒径小于 74 μm 的铸态合金粉中发现所有颗粒都具有尖锐的棱角，表面有明显的破碎的形貌特征，从其插图能看出合金颗粒的表面齐平光亮，呈现结晶状，表明合金制粉过程是以脆断的形式实现的。而经过球磨后合金颗粒失去了原来的断裂特征，不但不再具有尖锐的棱角，而且变得圆滑，特别是球磨时间较长的样品更是如此。同时合金的形貌随球磨时间的变化也有明显的不同。球磨 10h 后，合金的颗粒仍然保留了铸态合金的部分特征，虽然此时尖锐

(a)$Mg_{23}YNi_{10}Cu_2$合金铸态200目粉末　　(b)球磨10h

(c)球磨20h　　(d)球磨30h

图 5.2

(e)球磨40h

图5.2 球磨不同时间后合金的背散射照片

棱角消失，但还保留着相对光滑的表面。球磨20h后，合金表面的光滑特征消失。球磨30h后，合金颗粒细化得十分明显，但是开始有颗粒的团聚现象出现。而球磨40h后，合金最初的断裂特征完全消失，团聚现象明显，通过其放大的插图发现此时合金有絮状特征出现。

为了能够进一步了解合金在球磨过程中的结构变化，借助透射电子显微镜对球磨后部分合金样品进行了分析，见图5.3。可以发现，无论是球磨10h还是40h，合金中都出现了纳米晶及非晶区，其纳米晶以 Mg_2Ni 为主，在10h的磨制中还发现了 $YMgNi_4$ 相，这与前面的分析是一致的。

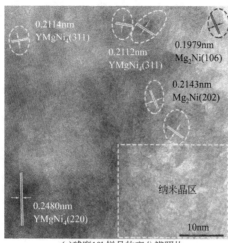

(a)球磨10h样品的高分辨照片

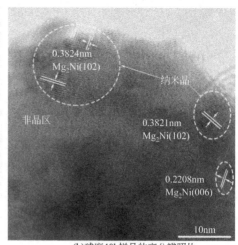

(b)球磨40h样品的高分辨照片

(c)球磨40h样品的选取衍射

图 5.3　经不同球磨时间后合金的透射电子显微镜分析

　　将球磨 40 h 的，合金中部分晶体发生纳米晶或者非晶化的样品，重新加热到 350℃并保温 100h，以期了解在后续的吸放氢测试时，温度对球磨态合金的影响。将未加热的球磨态样品、加热后的球磨态样品及铸态合金的 XRD 图谱进行了对比，见图 5.4。可以发现，加热后球磨样品的衍射峰相对于未被加热时变得明显锋锐，这说明球磨态样品中的非晶相和纳米晶相发生了向晶态的

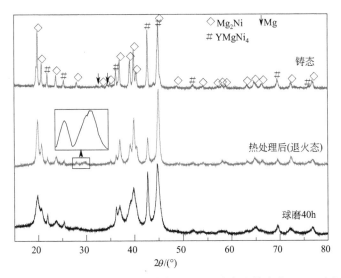

图 5.4　$Mg_{23}YNi_{10}Cu_2$ 合金球磨 40h、退火态和铸态的 XRD 对比

转变，但是没有到达铸态合金时的状态。衍射峰的其他特征也逐渐向铸态的状态转变，除了图中放大部分外，合金的相组成是以 Mg_2Ni 相、$YMgNi_4$ 相为主，但 $YMgNi_4$ 相的衍射峰与 Mg_2Ni 相相比，强度比例明显降低，表明 $YMgNi_4$ 相相对含量减少，说明合金经过球磨及加热后，$YMgNi_4$ 相中的元素组成发生调整，$YMgNi_4$ 相结构趋于正常。同时发现 Mg 相基本消失，而通过衍射峰的放大部分，可以发现球磨并加热后合金中有新的相产生。这说明合金在经过球磨后有相变发生，而加热后非晶化的 Mg 等重新结晶生成了新相。可见在吸放氢过程中，温度对球磨态材料结构变化的影响是十分显著的。

5.2 球磨时间对稀土镁镍合金电化学性能的影响

5.2.1 球磨时间对稀土镁镍合金电化学放电性能的影响

图 5.5 是经过不同时间球磨后，$Mg_{23}YNi_{10}Cu_2$ 合金的电化学放电比容量图。容易发现，球磨后合金具有较好的电化学活化性能，均能在第一次放电达到最大的放电比容量。同时发现，球磨能够明显提高合金的最大放电比容量，且随着球磨时间增加，最大放电比容量也升高，球磨 10h 的样品的电化学放电比容量是 118.4mAh/g，是铸态时放电比容量（71.2 mAh/g）的 1.66 倍，而球磨 40 h 的更是达到了 164.9mAh/g，是铸态的 2.31 倍。球磨态放电比容量的提高与球磨后样品中形成了一定纳米晶及非晶相，以及合金中纳米晶及非晶相的比例随球磨时间增加而提高有关。

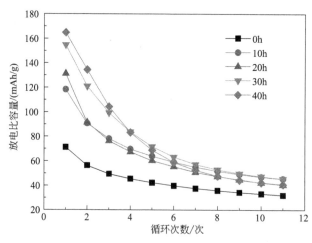

图 5.5 球磨不同时间后合金的电化学放电比容量

通过容量测试发现合金的放电比容量随着循环次数的增加而降低，为了进一步掌握这个变化情况，对合金以 300mA/g 的电流密度进行充放电，测试其循环稳定性，结果见图 5.6。从中可以看出，虽然球磨能够明显改善合金的放电比容量，但却恶化了合金的循环稳定性，球磨合金经过大约 20 多次循环后，其放电比容量降低到了与铸态合金相当的水平。合金球磨后，细化了合金的组织，增加了合金吸放氢的通道和活性，提高了合金的容量，但是细化后的组织，也增加了合金与碱液的接触面积，加快了合金的腐蚀，从而导致合金的放电比容量快速降低。

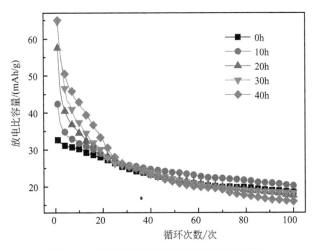

图 5.6　球磨不同时间后合金的循环稳定性

5.2.2　球磨时间对稀土镁镍合金电化学动力学性能的影响

图 5.7 展现的是球磨时间与合金高倍率放电性能之间的关系。很容易发现球磨能够明显改善合金的高倍率放电性能，而且能够发现球磨时间越长，高倍率放电性能越好。一般认为，合金电极的动力学过程决定了其高倍率放电性能。储氢合金电极的动力学过程主要包括两个方面：一是合金与电解液界面间的电荷转移能力，该性能主要受储氢合金表面状态的影响；二是氢从合金内部到电极表面的扩散的能力，其主要受合金本体相结构的影响。球磨后合金的非晶、纳米晶结构中缺陷较多，而缺陷的存在利于氢原子的流出，从而提高了合金的高倍率放电性能。

依据文献的介绍，电化学交流阻抗谱（EIS）可以用来定性表征合金电极表面的电荷转移能力。图 5.8 所示为四种球磨时间球磨后 $Mg_{23}YNi_{10}Cu_2$ 合金

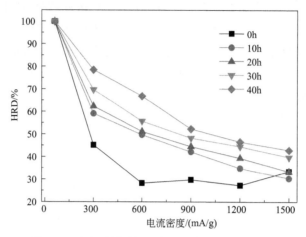

图 5.7 球磨不同时间后合金的高倍率放电性能

的电化学交流阻抗谱。从中可以看出，此次实验中的交流阻抗图均由高频区的小半圆、中频区的大半圆和低频区的 Warburg 曲线三部分组成。其中，因为使用了相同的电解液溶液和制备方法，导致在高频区反映合金与集流体之间的接触电阻的小半圆几乎全部重合。而能够代表合金表面电荷转移电阻 R_{ct} 的中频区大半圆的半径则有着明显的不同，半圆半径越小，代表合金表面的电荷转移电阻越小。从图中可以看出中频区大半圆的大小顺序为：

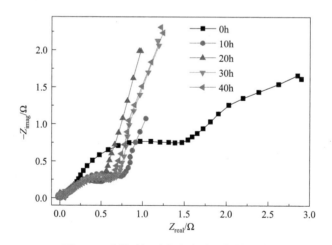

图 5.8 球磨时间对合金交流阻抗的影响

$R_{0h} > R_{10h} > R_{30h} > R_{40h} > R_{20h}$，可见球磨后此半径明显减小，而且，能够看出球磨态与非球磨态相比相差较大，而四种球磨态的变化范围较小。通过上述中频区半径的变化特点，说明球磨能够显著降低合金表面的电荷转移电阻。低频区 Warburg 曲线的存在表明合金中表面扩散是主要的控速步骤，而球磨态合金的 Warburg 曲线斜率相似，说明球磨后的材料具有相似的扩散特点。

通过测定合金的 Tafel 曲线，可以得到合金另一个与氢扩散能力大小密切相关的电化学动力学参数，即极限电流密度。极限电流密度的产生是因为合金在反应时存在极化过程，在此过程中氧化物的电极电位的过电位增大会引起电荷迁移速率加快，当极化过电位达到峰值，此时所对应的电流就是极限电流密度，它的大小表征了合金的动力学性能。图 5.9 所示为经过不同球磨时间球磨后 $Mg_{23}YNi_{10}Cu_2$ 合金的 Tafel 曲线及极限电流密度比较，可以看出，每条极化曲线都存在一个明显的拐点，该拐点的数值就是极限电流密度的大小。球磨后的合金具有较大的极限电流密度，以球磨时间 20 h 的为最高，说明球磨有助于提高合金体相内氢原子的扩散速率，这主要是因为球磨过程在减小了晶粒尺寸的同时也加重了合金结构上的缺陷，为氢的扩散提供了良好的通道。

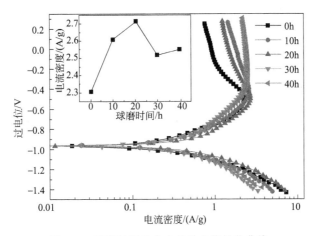

图 5.9　球磨时间后合金的动电位极化曲线

储氢合金作为镍氢电池负极材料，其性能表现既包括合金与电解液界面的动力学性质，也包括合金中氢的扩散性能。氢扩散能力的大小可通过氢扩散系数进行衡量。研究氢在合金中的扩散系数主要通过恒电位阶跃法进行计算。研究表明，当对满充电极施加较大的电位阶跃时，合金表面的氢浓度将迅速降为 0，此时氢在合金体相内的扩散成为电极反应的主要控制步骤。图 5.10 所示为不同球磨时间的 $Mg_{23}YNi_{10}Cu_2$ 合金满充状态下，合金电极在 +500 mV 电位阶跃后的阳极电流-时间的响应曲线。由图可知，储氢合金电极的电流与时间的响应曲线可分为两个部分，最初开始阶跃时，合金表面的氢被迅速消耗，所需的氧化电流也因此迅速降低；随后，随着表面氢消耗殆尽，电流的下降速率变缓，此时曲线逐渐变成直线，即电流与时间变成线性关系，此时合金体内氢的浓度决定了合金电极的电流大小，因此电流是受合金体内氢的扩散所控制。根据此图，借助式(3.3)可以计算得到氢的扩散系数，见表5.1及图5.10中插图。从中容易发现球磨制备后合金的氢扩散系数均有提高，其中球磨时间为20 h的合金具有最高的扩散系数，整体的变化趋势与动电位极化曲线表现基本一致，这充分说明球磨制备对合金氢扩散能力的提高是有意义的。其改善的原因在于球磨过程有助于合金组织的细化，为氢扩散建立了更多的扩散通道，进而提高了氢的扩散系数，改进了氢的扩散能力。

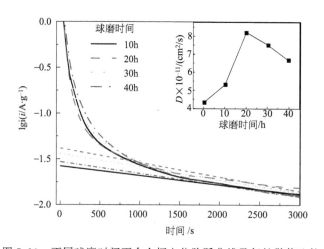

图 5.10   不同球磨时间下合金恒电位阶跃曲线及氢扩散值比较

表 5.1   不同球磨时间下 $Mg_{23}YNi_{10}Cu_2$ 合金氢扩散值

项目	0h	10h	20h	30h	40h
$\lg i/t \times 10^{-4}$	−0.82834	−1.0220	−1.5641	−1.4346	−1.2599
$D \times 10^{-11}/(cm^2/s)$	4.35337	5.3712	8.2202	7.5395	6.6214

5.2.3   球磨时间对稀土镁镍合金电化学性能影响的机制

图 5.11 是 $Mg_{23}YNi_{10}Cu_2$ 合金按照 10 h 和 40 h 两种时间制度球磨后，并经过电化学容量测试循环后样品的 SEM 形貌图。从中可以看出，与球磨后但未进行性能测试的样品（图5.2）相比，电化学循环后的样品看不到球磨后粉

末颗粒的边界，而是出现大量的合金颗粒团聚在一起的现象，呈现出团絮状的特征。这主要与合金粉制作电极片时，添加了大量的羰基镍粉而起到了粘连作用有关，同时也与合金电极片在反复的循环过程中，电解质碱液不断对合金造成腐蚀有关。为了更加清晰地观察循环后合金的细节特征，将部分样品进行了放大观察，见图 5.11 中的插图，发现合金中出现了宽度约为 200 nm，厚度极薄的片层状物质，这应该是合金被腐蚀后的产物，此物质的生成也是合金电化学稳定性变差的主要原因。

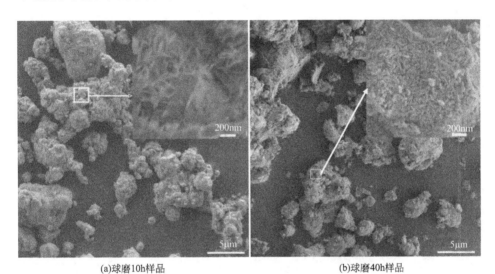

(a)球磨10h样品　　　　　　　　　　　　(b)球磨40h样品

图 5.11　经不同时间球磨合金放电比容量测试后样品的形貌

为了能够进一步了解电化学测试后样品中的显微结构变化，借助透射电子显微镜对球磨 10h 和 40h 的合金电化学循环后的样品进行了观察分析，结果见图 5.12。无论球磨时间长短，图 5.12（a）、（c）所示形貌图均显示合金中存有黑色的小颗粒物，而且分布较为均匀。为了能够了解电化学循环后合金产物的变化，对两种性能测试后球磨态样品进行了高分辨电镜分析。在球磨 10 h 的放电样品中，除了存有 Ni 单质、Mg_2Ni 等外，还发现了钇的氧化物 Y_2O_3。而对于球磨 40 h 的未放电样品，除包含了能够容易想到的 Mg_2NiH_4、Ni 和 NiOOH 外，还有 Cu（OH）$_2$ 存在，这表明合金经过球磨以及充放电循环后，合金内部有相变发生，在碱液及空气等作用下，Y 和 Cu 的离子产生了氢氧化物，而电镜测试时用的是干燥样片，从而出现了 Y_2O_3。

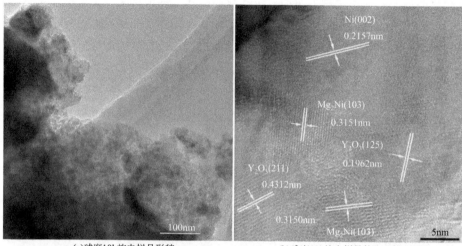

(a)球磨10h放电样品形貌 (b)球磨10h放电样品的高分辨照片

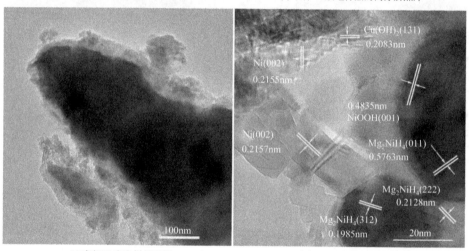

(c)球磨40h充电样品形貌 (d)球磨40h充电样品的高分辨照片

图 5.12 经不同时间球磨的合金放电比容量测试后样品的形貌及高分辨

5.3 球磨时间对稀土镁镍合金气固储氢性能的影响

5.3.1 球磨时间对稀土镁镍合金气固储氢活化性能的影响

图 5.13 所示为经过不同球磨时间球磨后 $Mg_{23}YNi_{10}Cu_2$ 合金活化的吸氢与放氢过程曲线。能够看出球磨态合金具有较好的活化性能，其活化过程的表现与铸态合金相比存在明显不同，球磨时间较短（10h 和 20h）的合金有着与

铸态合金相似的活化趋势，即随活化次数增加吸氢量也明显增加，但是首次吸氢量和速率都明显高于铸态合金。其中，球磨 20h 的合金在第三次吸氢时就达到了最大的吸氢量，说明球磨制备有助于合金活化性能的改善。当球磨时间达到了 30 h 以上时，活化过程出现了新的特点，以球磨 30 h 合金的活化曲线为例［图 5.13（c）］，从中可以看出，合金在活化过程中的五次吸氢，表现出

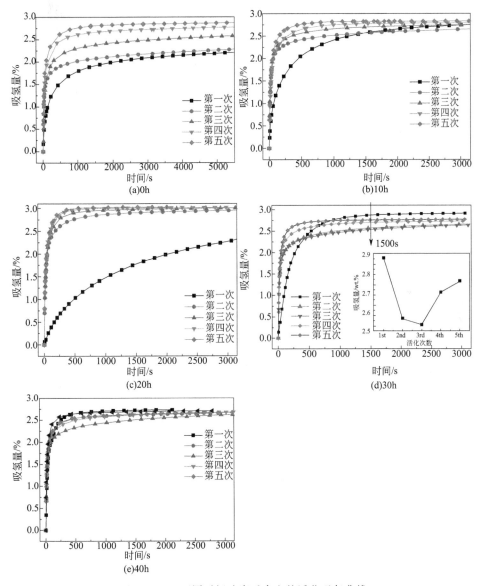

图 5.13　经不同时间球磨后合金的活化吸氢曲线

不同的吸氢特征。首先是合金具有不同的吸氢速率，随活化次数的增加，吸氢速率明显加快，这与铸态合金活化时的表现一致。球磨态合金的吸氢量也随活化次数不同而表现得不同，但变化的趋势却与铸态及短时间球磨合金不一致。通过合金前五次吸氢，每次吸氢 1500 s 时的吸氢量变化曲线来看［见图 5.13（c）中的插图］，很容易发现随活化吸氢次数的增加，合金的吸氢量呈现出先降低后升高的特征，但以首次的吸氢量为最高。这可能与合金经过球磨后，合金中的相组成发生了一定变化，合金在前两次吸氢过程中生成了不易放氢的氢化物有关。

图 5.14 展现的是球磨时间对球磨态 $Mg_{23}YNi_{10}Cu_2$ 合金气态吸放氢活化过程的影响。同时分别将五种状态（一个铸态＋四个时间下的球磨态）材料的第五次吸氢时达到最大吸氢量 90% 所需的时间列于表 5.2。从上述图表中可以看出，球磨态合金具有较快的吸氢速率，其中经过 20 h 球磨的合金吸氢达到

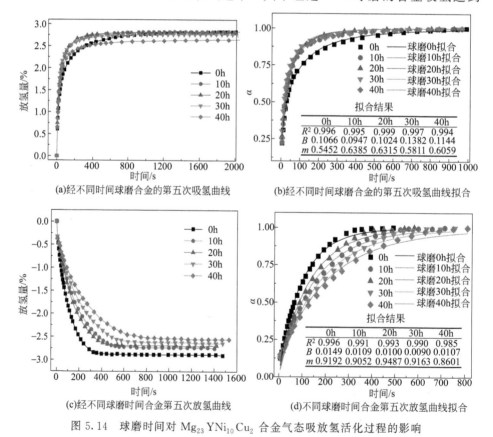

图 5.14 球磨时间对 $Mg_{23}YNi_{10}Cu_2$ 合金气态吸放氢活化过程的影响

最大吸氢量 90% 时只需要 98 s，约是铸态合金用时的 1/4，说明球磨制备能够大幅度改善合金的吸氢动力学性能。图 5.14（b）是借助 Avrami-Erofeev 方程［式(3.3)］对合金的吸氢曲线的拟合，不难发现吸氢曲线十分符合 Avrami-Erofeev 方程，其拟合后的参数 m 值为 0.54～0.63，接近 0.54，吸氢动力学方程应该符合 $[1-(1-\alpha)^{1/3}]^2=kt$，该方程代表材料的吸氢过程是以三维扩散方式完成的。经过球磨后的合金组织无疑被明显细化，这意味着合金颗粒具有更大的比表面积，和氢原子接触的机会大增，而在三维扩散机制控制下合金与氢原子接触面积的增加自然会提高合金的吸氢速率。

然而通过图 5.14（c）及表 5.2，可以发现合金放氢速率没有因为球磨过程而得到提高，甚至略微低于铸态合金，这表明球磨不利于改善合金的放氢性能。图 5.14（d）同样是借助 Avrami-Erofeev 方程［式(3.6)］对放氢过程曲线进行了拟合。可以看出 m 值均在 0.9 附近，十分接近于 1，球磨后与铸态时变化不大，故其动力学方程被看成 $-\ln(1-\alpha)=kt$，或者 $1-(1-\alpha)^{1/3}=kt$，而在分析合金放氢动力学性能时，发现后者更符合实际情况，这说明氢化物放氢是被相界反应所控制。通过前面的分析可知，球磨使合金的晶粒细化，在其内部形成纳米晶甚至是非晶结构。这些内部固有的缺陷，降低了合金在后续的吸放氢过程中，由于晶格膨胀和收缩引起的颗粒破裂和粉化程度。较少的颗粒破裂使球磨态合金颗粒内部新鲜表面少于铸态合金颗粒内部的新鲜表面，而缺少新鲜表面不利于相界反应的发生和进行，因此球磨过程并没有提高其放氢速率，而且球磨时间较长的合金表现更明显。

表 5.2　不同球磨时间后 $Mg_{23}YNi_{10}Cu_2$ 合金第五次吸放氢到最大量 90% 所需时间

球磨时间	0h	10h	20h	30h	40h
吸氢时间/s	372	174	98	138	186
放氢时间/s	328	348	318	412	480

5.3.2　球磨时间对稀土镁镍合金气固储氢吸放氢动力学性能的影响

图 5.15 所示为不同温度下球磨态合金的气态吸氢动力学曲线。可以看出，不同温度下经历不同时间球磨的合金样品具有不同的吸氢能力。在 200 ℃时，铸态合金具有较低的吸氢速率，球磨后的合金吸氢速率明显提高，特别是球磨时间在 20 h 以上的样品尤为明显。当温度升高到 250 ℃以上时，铸态及球磨态合金都具有较快的吸氢速率，但铸态合金的速率最小，在四种球磨态合金中，吸氢速率也不尽相同，呈现出 $v_{10h}<v_{20h}>v_{30h}>v_{40h}$ 的现象，这与上节

有关活化时吸氢的表现是一致的。将具有最高吸氢速率的样品（球磨 20 h）进行了不同温度的动力学性能测试，见图 5.15（d），发现尽管球磨时间一定，但温度对于吸氢速率也能产生明显的影响，呈现随温度升高其吸氢速率先升高后降低的变化：$v_{150℃} < v_{200℃} < v_{250℃} \approx v_{300℃} > v_{350℃}$。较低的温度不利于氢化物中的氢扩散和晶核形成，这对吸氢动力学有不利影响，所以低温时吸氢速率较低，而当温度过高时，不利于氢化过程释放出热量的散失，反而也降低合金的吸氢速率。只有当温度适中时，如实验中的 250～300 ℃时，上述各种因素达到一个最佳的范围，合金有着较好的吸氢动力学。同时还发现随着球磨时间的延长，合金的吸氢量有一定的减少。

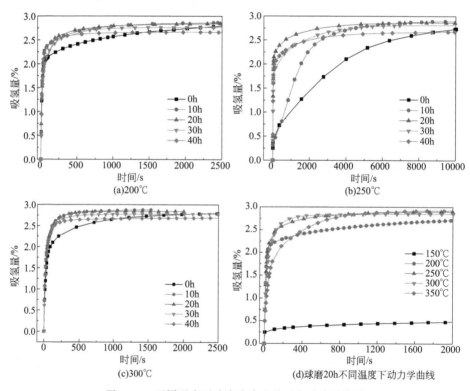

图 5.15　不同温度下球磨态合金的吸氢动力学曲线

图 5.16 所示是不同时间球磨后合金的放氢动力学曲线。从中可以看出，温度对于合金的放氢速率影响显著，温度越高放氢速率则越快。铸态合金在280 ℃时放氢速率极为缓慢，而球磨态合金在 280 ℃放氢速率虽然也较小，但在 1500s 内能够全部完成放氢，表明球磨制备对于合金的放氢能力是有帮助

的。同时发现随着球磨时间的延长，合金的放氢量有所减少，这与吸氢时的表现是一致的。

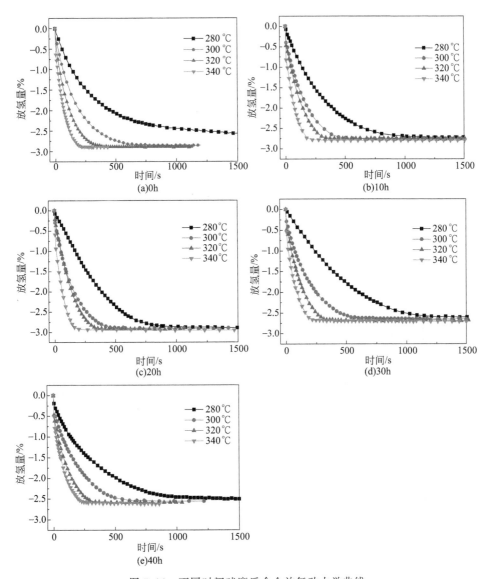

图 5.16 不同时间球磨后合金放氢动力学曲线

同前面章节讨论的一样，放氢活化能是储氢合金的重要性能指标之一，对其精准地测量和计算就显得至关重要，合理的动力学模型选择是计算准确性的根本保证。在对放氢机制进行分析时，借助 Avrami-Erofeev 方程对放氢过程曲线进行了拟合，拟合后得到的关键值 m 在 0.9 附近，十分接近于 1，所以其动力学模型应该符合 $-\ln(1-\alpha)=kt$，或者 $1-(1-\alpha)^{1/3}=kt$，而用实验数据拟合后发现，$1-(1-\alpha)^{1/3}=kt$ 模型与实际更相符，拟合后 R^2 都在 0.985 以上，见图 5.17，此模型与铸态合金时的选择一致。计算球磨态合金氢化物在 280℃、300℃、320℃ 和 340℃ 四个温度下的反应率 α，绘制了四个温度下

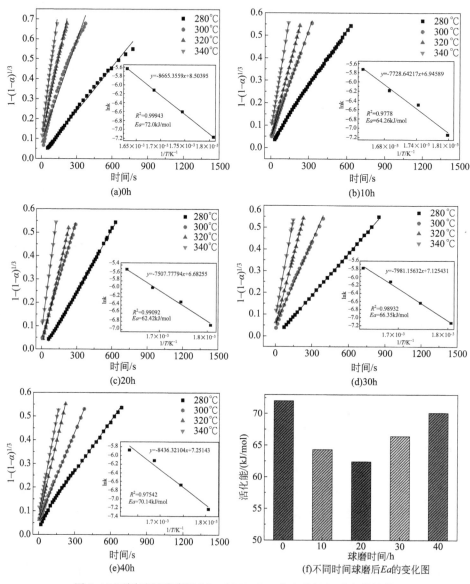

图 5.17 不同时间球磨后 $Mg_{23}YNi_{10}Cu_2$ 合金的放氢动力学计算

放氢时 $1-(1-\alpha)^{1/3}$ 与时间 t 的对应曲线，见图 5.17(a)～(e)。拟合后发现每条曲线都具有较好的线性，取其线性化时对应的斜率，即为该温度下的 k 值，同样可以根据四个温度下各自对应的 k 值，利用阿伦尼乌斯（Arrhenius）定律［式(1.5) 和式(1.6)］确定活化能。

这样，合金放氢的活化能就能通过 $\ln k$ 和 $1/T$ 对比图［图 5.17(a)～(e)的插图］而获得，并将结果展现在图 5.17 (f)。从中可见，球磨制备能够改善合金的放氢动力学性能，其改善效果呈现出随球磨时间的延长先增强而后降低的趋势，其中球磨20h的表现最优。与铸态合金相比，球磨 20 h 样品的 Ea 由 72.0 kJ/mol，减小到 62.4 kJ/mol，降幅达到了 13.3%。球磨对材料动力学性能改善的作用主要表现在低温时，如 280 ℃时的放氢，而当放氢温度较高时效果不再明显，见图 5.16。在活化第五次放氢时（300 ℃），球磨态合金的放氢速率反而有一定降低，见表 5.2。这说明适当球磨能够改善合金的动力学性能，反复地吸放氢及加热过程对球磨态合金放氢也产生较大影响。

5.3.3　球磨时间对稀土镁镍合金气固储氢吸放氢热力学性能的影响

图 5.18 所示为铸态与球磨态 $Mg_{23}YNi_{10}Cu_2$ 合金的 PCT 曲线及对应的 Van't Hoff 曲线。因铸态 $Mg_{23}YNi_{10}Cu_2$ 合金的组成相中有 Mg_2Ni 和 Mg 两种吸氢相，导致其吸放氢时的 PCT 曲线均出现两个平台。在本章第5.1节有关球磨合金的相变分析时发现，合金经过球磨以后，合金中的吸氢 Mg 相峰随着球磨时间的延长逐渐减弱直至消失，导致球磨态合金 PCT 曲线中的 Mg/ MgH_2 平台不再明显，实验过程中也只测试出一个平台，即只有 Mg_2Ni/ Mg_2NiH_4 吸放氢反应平台。同时发现，球磨态 PCT 曲线的吸氢量都有所减少，且随着球磨时间的延长，减少量逐渐增加，且所有 PCT 曲线中的平台也都像铸态合金一样，存有一定的倾斜，吸放氢平台间也都存在着明显的滞后效应。利用 PCT 曲线中的平台压，通过 Van't Hoff 方程［式(1.4)］，可以获得合金吸放氢反应熔变（ΔH）和熵变（ΔS），见表 5.3。可以看出，球磨过程能够降低合金的吸放氢热力学参数值，改善合金吸放氢的热力学性能。

表 5.3　球磨后合金放氢的热力学值

样品	吸氢		放氢	
	$\Delta H/(kJ/mol)$	$\Delta S/J \cdot K^{-1} \cdot mol^{-1}$	$\Delta H/(kJ/mol)$	$\Delta S/J \cdot K^{-1} \cdot mol^{-1}$
0h	−53.6	−104.3	63.7	117.4
10h	−53.3	−102.8	62.0	113.7

续表

样品	吸氢		放氢	
	$\Delta H/(kJ/mol)$	$\Delta S/J \cdot K^{-1} \cdot mol^{-1}$	$\Delta H/(kJ/mol)$	$\Delta S/J \cdot K^{-1} \cdot mol^{-1}$
20h	−53.1	−102.1	61.7	113.1
30h	−50.1	−96.1	60.1	106.8
40h	−49.1	−94.6	61.3	110.6

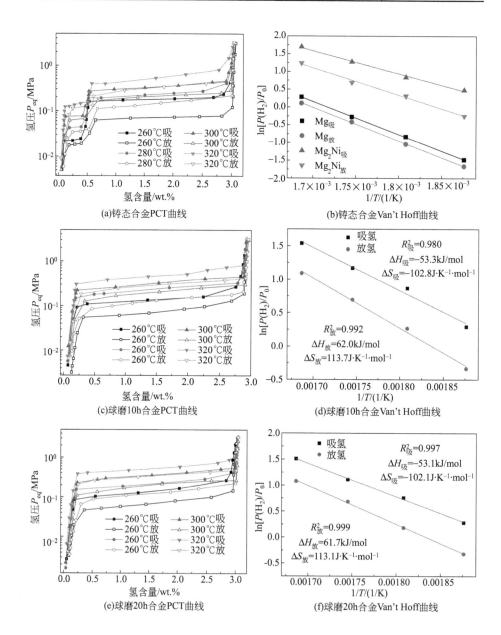

(a)铸态合金PCT曲线

(b)铸态合金Van't Hoff曲线

(c)球磨10h合金PCT曲线

(d)球磨10h合金Van't Hoff曲线

(e)球磨20h合金PCT曲线

(f)球磨20h合金Van't Hoff曲线

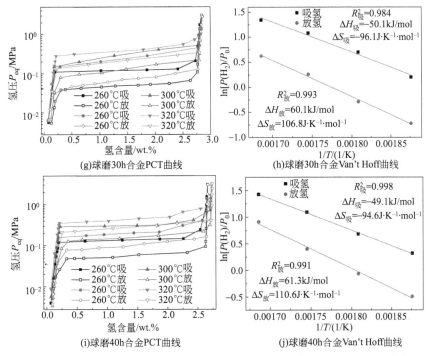

图 5.18 不同时间球磨后 $Mg_{23}YNi_{10}Cu_2$ 合金的 PCT 曲线及 Van't Hoff 曲线

5.4 球磨时间对稀土镁镍合金气固储氢性能影响的分析

5.4.1 球磨时间对稀土镁镍合金吸放氢过程中相变的影响

图 5.19 所示是经不同时间球磨后 $Mg_{23}YNi_{10}Cu_2$ 合金吸放氢样品的 XRD 图谱比较。从中能够发现，球磨态合金的吸放氢衍射峰都呈现出与铸态合金吸放氢衍射峰基本一致的特点，衍射峰由球磨后的宽化明显，变成现在的尖锐明显，说明合金在高温的作用下，球磨时产生的部分非晶、纳米晶已经重新结晶。在对前面图 5.1 进行分析时发现，合金球磨后出现最明显的变化就是单质 Mg 相的消失，球磨合金经过反复吸放氢后再次吸氢时，MgH_2 相的衍射峰也未能被明显地观察到，特别是球磨时间超过 30h 的样品，更是如此。这说明 Mg 单质在球磨时可能不单单是发生非晶化，而是有可能发生了某种反应，生成了新的物质，或者在后续加热等条件下生成了其他物质，而不是重新结晶。同时因为 Mg 相的消失及稀土氢化物 YH_3 的出现，球磨态合金的吸氢量明显降低，YH_3 相不但出现在吸氢样品中，也出现在放氢样品中，说明在本次实

验的条件下 YH_3 相是不放氢的。也正是因为 YH_3 相的出现以及它不易放氢的特性，导致球磨态合金首次吸氢量高于以后的吸氢量。

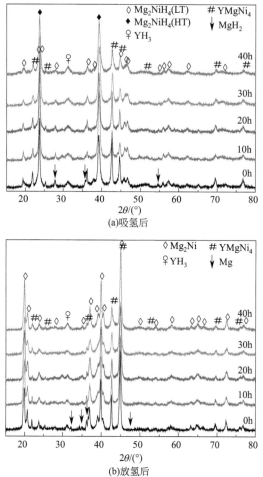

图 5.19 $Mg_{23}YNi_{10}Cu_2$ 合金球磨不同时间后吸放氢的 XRD 图谱

5.4.2 球磨时间对稀土镁镍合金吸放氢过程中微观组织及结构的影响

图 5.20 为铸态及球磨态合金吸放氢样品的背散射照片。球磨后的合金样品无论是吸氢态还是放氢态，合金的颗粒都明显减小，最大颗粒直径不超过 15 μm，而且普遍具有较好的分散度。同时发现铸态时就具有的，带明显尖锐棱角，呈不规则形状的 $YMgNi_4$ 相，仍然镶嵌在其他相中。显然这种分散的小颗粒，具有更大的表面积，可增加合金与氢的接触表面积，同时也有利于氢原子在其中扩散。总之，球磨有利于合金的吸放氢的发生。

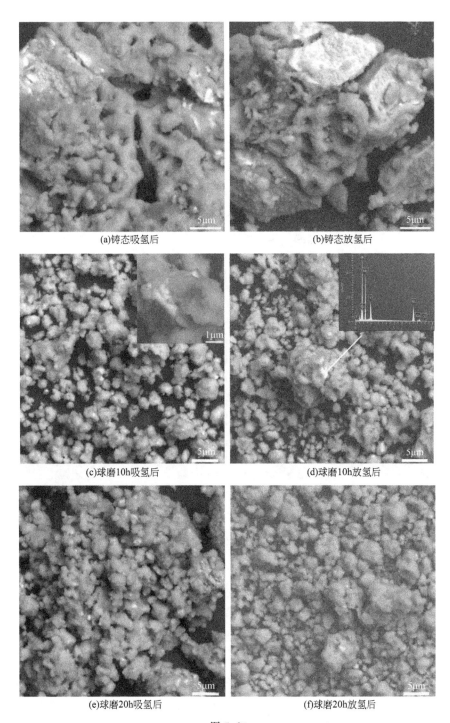

(a)铸态吸氢后

(b)铸态放氢后

(c)球磨10h吸氢后

(d)球磨10h放氢后

(e)球磨20h吸氢后

(f)球磨20h放氢后

图 5.20

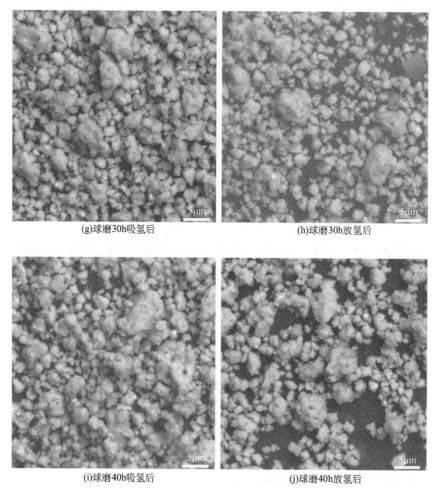

(g)球磨30h吸氢后   (h)球磨30h放氢后

(i)球磨40h吸氢后   (j)球磨40h放氢后

图 5.20 $Mg_{23}YNi_{10}Cu_2$ 合金球磨不同时间后吸放氢的背散射照片

    为了能够进一步了解球磨合金吸放氢后的显微结构变化，对球磨 10h 的合金的吸放氢样品用透射电子显微镜进行观察并分析（见图 5.21～图 5.23），以期了解球磨制备合金在吸放氢过程中的结构变化。

    图 5.21 所示为球磨 10 h 后 $Mg_{23}YNi_{10}Cu_2$ 合金吸氢样品的显微结构分析，从中可以看出，其显微形貌中包含多种组织，通过对选区衍射多晶环的标注，发现合金主要的氢化物为 Mg_2NiH_4 相，还有 $YMgNi_4$ 相。而通过高分辨的照片发现合金中还有纳米级的 NY_3 相存在，该相的形成应该与球磨的过程有关，同时发现在两个 NiY_3 纳米晶的晶粒间存在明显的原子错配，见图 5.21 中的插图。纳米晶的出现可以明显增加合金中的晶界面积，进而增加氢原子在

合金内部的扩散通道，改善合金吸放氢的性能。

 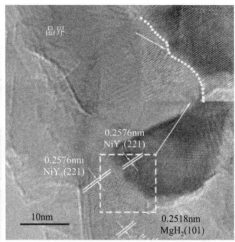

(a)样品形貌及选取衍射 (b)高分辨照片

图 5.21 球磨 10h $Mg_{23}YNi_{10}Cu_2$ 合金吸氢后的结构分析

通过本章第 5.1 节的内容我们知道 $YMgNi_4$ 相具有高的硬度，在合金中具有高的耐磨性，经过球磨后合金中也发现了纳米级尺寸的 $YMgNi_4$，为了了解在吸放氢和加热的双重作用下纳米级尺寸的 $YMgNi_4$ 的变化，借助透射电子显微镜进行了能谱分析，并制作了 Map 图，见图 5.22。可以看出图中白色区域均有较高的 Ni 元素分布，同时该区域的 Y 元素分布也较高，而 Mg 元素整体分布均匀。根据合金中的元素组成，结合吸氢后样品的 XRD 结果，初步判定图中的圈定区域应该是 $YMgNi_4$。分析发现该相在球磨后的吸放氢样品中依然稳定存在，但颗粒直径较小，约为 50 nm。

图 5.23 所示为球磨 10 h 后 $Mg_{23}YNi_{10}Cu_2$ 合金放氢后的显微结构分析。从中可以看出，球磨态的样品在吸放氢循环后再次放氢时，样品中明显存在着一些小的颗粒物，说明合金在循环过程中形成了较多的纳米晶颗粒。这些纳米晶的来源可能有两种：第一种是合金在循环过程中，氢化物的形成造成晶格膨胀，而放氢时晶格会收缩，这种反复地膨胀与收缩使合金中形成了较大的内应力，合金会因此出现粉化，随着粉化的不断进行，合金颗粒逐渐减小，最终出现纳米晶，甚至非晶相；第二种是合金经过球磨后，合金中出现了部分纳米晶及非晶相，而在后续的加热及吸放氢过程中非晶相发生晶化而形成纳米晶。如同吸氢样品一样，合金中纳米晶的比例越多，合金越会有更好的放氢性能。

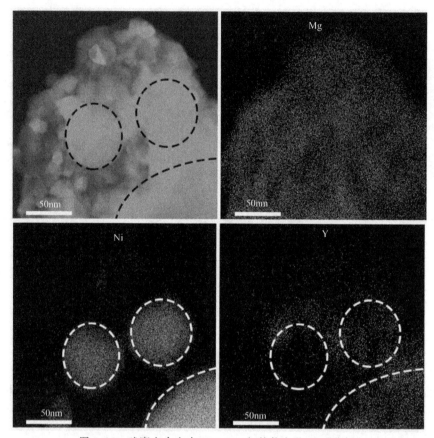

图 5.22　球磨态合金中 $YMgNi_4$ 相的状态及 EDS 分析

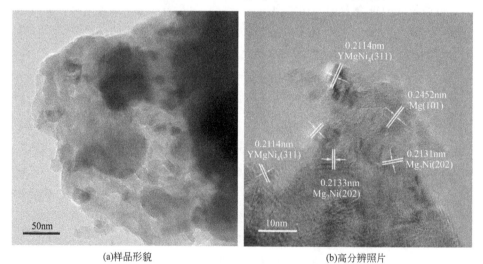

(a)样品形貌　　　　　　(b)高分辨照片

图 5.23　球磨 10h $Mg_{23}YNi_{10}Cu_2$ 合金放氢后的显微结构分析

5.5　本章小结

① 球磨后合金的 XRD 衍射峰明显宽化，且随球磨时间的延长，宽化程度越来越严重，借助微观结构分析表明，球磨制备能够明显细化合金的组织，并有部分晶体转变为非晶、纳米晶结构。

② 铸态合金的组成相为 Mg_2Ni 相、$YMgNi_4$ 相和 Mg 相，而随球磨时间的延长，球磨态合金 Mg 相逐渐非晶化，Mg_2Ni 相衍射峰宽化趋势强于 $YMgNi_4$ 相。

③ 球磨制备显著改善了合金的电化学吸放氢性能，既提高了合金电化学的放电比容量，同时也改善了合金的电化学动力学性能。球磨 40 h 合金的放电比容量是铸态合金的 2.31 倍，而球磨 20 h 合金具有最好的交流阻抗和动电位极化性能，但球磨制备降低了合金的循环稳定性。

④ 球磨制备对合金的吸放氢机制不产生影响，吸氢依然由三维扩散机制控制，放氢过程则由相界反应机制控制。

⑤ 在对合金吸放氢的动力学进行研究时发现，球磨过程有利于合金的吸氢动力学性能改善，其活化能由铸态的 72 kJ/mol 减小到球磨 20 h 时的 62.4 kJ/mol，降幅达到了 13.3%。同时发现球磨态合金在首次吸氢时形成了不易放氢的 YH_3 相，降低了合金的可逆吸放氢量。

⑥ 热力学性能测试发现球磨制备虽能改善合金的吸放氢热力学性能，但改善程度较小。40 h 球磨合金的吸氢 ΔH 和 ΔS 值由未球磨时的 -53.6 kJ/mol H_2 和 -104.3 J·K^{-1}·mol^{-1} H_2 变为 -49.1 kJ/mol H_2 和 -94.6 J·K^{-1}·mol^{-1} H_2；放氢的 ΔH 和 ΔS 变化更小，由未球磨时的 63.7 kJ/mol H_2 和 117.4 J·K^{-1}·mol^{-1} H_2 变为 61.3 kJ/mol H_2 和 110.6 J·K^{-1}·mol^{-1} H_2，体现出随球磨时间延长，合金吸放氢热力学性能具有缓慢提高的趋势。

第 6 章 复合镍对球磨态合金的微观结构及储氢性能的影响

通过第 5 章的研究，发现球磨制备能够在一定程度上改善合金的储氢性能，特别是改善电化学储氢性能。然而就 Mg-Ni 合金而言，单单只是通过球磨制备对性能进行改善，不但距离实用还有一定的差距，而且距离该类合金自身全部的储氢能力释放，也有较大的距离。Gu Hao、Li Xia 和 Liu Xiaofeng 等人发现 Ni 的加入，并辅以有效的制备方式能改变合金的组织及储氢性能。张羊换等人将 LaMg$_{11}$Ni 合金与合金质量数 100%、200% 的镍粉复合并球磨后，发现镍粉的加入使合金更容易获得微晶、纳米晶以及非晶组织，进而得到具有优质电化学储氢性能的材料。T Kohno 等人对 Mg$_2$Ni 合金也有过上述类似的研究，通过对不同比例的球磨复合体系材料进行电化学性能测试，同样发现，得到适当比例的镍加入对于合金的放电比容量、初始活化性能和循环稳定性都有良好的促进作用。

本章结合第 4 章和第 5 章的内容，选取 Mg$_{23}$YNi$_{10}$Cu$_2$ 合金为基础合金，将合金质量的 0%，50%，100%，150% 的镍粉与之复合，并选用 20 h 的球磨时间，对复合材料进行球磨制备，为了方便后面的叙述，将上述合金简称为 Ni0（即第 5 章球磨 20 h 的合金），Ni50，Ni100 和 Ni150。本章研究了复合镍对合金相组成、显微组织结构以及储氢性能的影响。

6.1 复合镍对球磨态稀土镁镍合金微观结构及显微组织的影响

6.1.1 复合镍对球磨态稀土镁镍合金相组成的影响

图 6.1 为 Mg$_{23}$YNi$_{10}$Cu$_2$ 合金复合了不等量的镍粉并球磨 20 h 后的 XRD 对比图谱。从中可以发现，随着复合镍量的不同，球磨态复合材料的衍射峰发

生了明显的变化。未复合镍时，球磨 20 h 后合金中各相的衍射峰虽然发生了一定的宽化，但峰强依然很高，衍射谱中合金主相 YMgNi$_4$ 相和 Mg$_2$Ni 相的衍射峰特别明显。而随着镍的加入，合金相的衍射峰出现了更加明显的变化，首先是随着镍量逐渐增加，衍射峰的宽化程度愈加严重，强度也在相应地逐渐变弱，最终变成具有非晶特征的"馒头峰"。在复合镍量为 100％和 150％的两种复合材料衍射峰中只有镍的三条衍射峰及 YMgNi$_4$ 相的一条最强峰，与复合 50％Ni 的相比，显然复合镍有利于合金在球磨过程中的非晶化纳米晶化。然而将复合量 100％和 150％的合金进行比较，发现前者单质镍的衍射峰强更加弱化，可以被认为在相等的球磨时间里，复合镍 100％的合金比复合镍 150％的合金非晶化更加严重。其原因在于：①因为单质镍是具有面心立方结构的晶体，不但强度高，而且具有较高的塑性，使其在球磨过程中一直能够保持较好的晶体特征，同时细小的镍粉颗粒在球磨过程中，起到了磨粒的作用，有助于球磨时合金的非晶化；②当镍的复合量小于合金量时，镍粉颗粒被看作是磨损过程中的硬质颗粒，在钢球的带动下，实现对金属的切削，且随着复合镍量的增加，效果更加明显；③当镍的复合量大于合金量时，情况变得截然相反，复合材料中，添加的镍成为主体，合金反而成为球磨颗粒，球磨时更多的是镍峰在发生非晶、纳米晶化。基于以上三点原因，导致球磨 20 h 时，复合

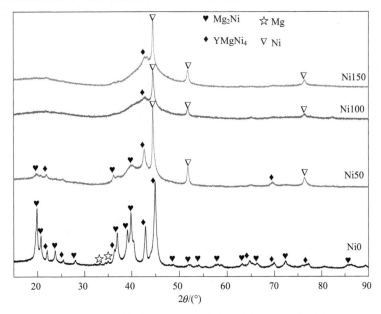

图 6.1 不同复合 Ni 量下球磨态合金的 XRD 对比图

100％镍的材料发生了本实验中最为严重的非晶化。

6.1.2 复合镍对球磨态稀土镁镍合金显微结构的影响

图 6.2 所示为复合了不等量 Ni 并经过球磨 20 h 后合金的形貌。通过将图 6.2 中的（a）和（b）～（d）相比较，可以看出，复合 Ni 后的球磨态合金，具有细小的球形颗粒，颗粒粒径基本都小于 10 μm，而且颗粒具有光滑的表面，呈现出明显的团絮状，但没有发现颗粒有团聚的现象发生，同时发现颗粒大小的均匀性和分散性也明显好于未加 Ni 的球磨态合金。另外通过放大的形貌

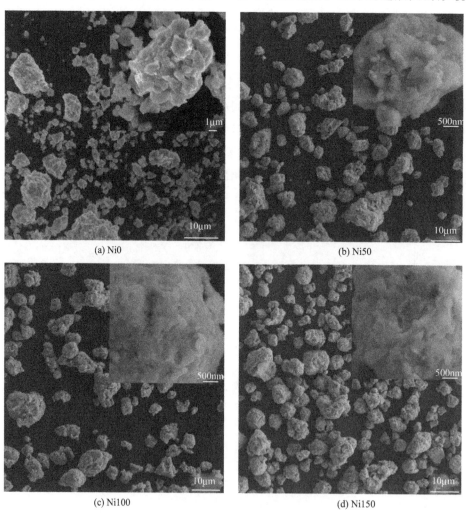

(a) Ni0   (b) Ni50

(c) Ni100   (d) Ni150

图 6.2   不同复合镍量下球磨态合金的扫描电镜照片

（图 6.2），可以看出，复合镍的合金颗粒无论球磨时间长短都表现出一定的包覆痕迹，这种包覆有助于合金耐蚀性的提高，改善合金的循环稳定性。

为了能够进一步了解复合镍并球磨对合金的显微组织及结构变化的影响，选取 Ni50 和 Ni150 为代表，借助透射电子显微镜对其进行了观察与分析，结果见图 6.3。通过图 6.3（a）的形貌图及其插图的选区衍射图，能够发现形貌中有白色的点状物存在，其插图的选区衍射环显示出球磨态合金中既有晶体，同时也有非晶相，最明显的衍射环为 $YMgNi_4$ 相，这与 XRD 的衍射分析相印证。在图 6.3（b）的高分辨照片中能够发现，球磨态的 Ni50 合金中存在着 Mg_2Ni 相、$YMgNi_4$ 相和单质 Ni 的纳米晶颗粒，同时还有部分非晶区。图

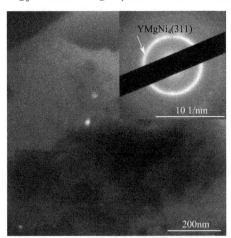

(a) Ni50形貌及选区衍射

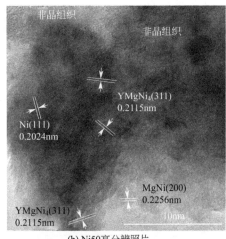

(b) Ni50高分辨照片

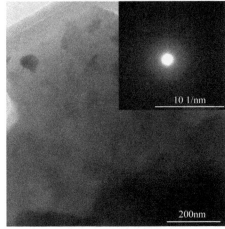

(c) Ni150形貌及选区衍射

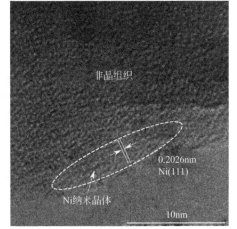

(d) Ni150高分辨照片

图 6.3 复合不同量镍并球磨 20h 后 $Mg_{23}YNi_{10}Cu_2$ 合金的 TEM 分析

6.3（c）所示是球磨态 Ni150 合金的显微形貌，此时合金的选区衍射图谱为非晶环，说明此时合金主要是以非晶为主。通过其高分辨照片[图 6.3(d)]，也发现合金中存有大面积的非晶区，只在其边缘发现有少量的镍单质的纳米晶，也没有发现有其他相存在。

6.2 复合镍对稀土镁镍合金电化学性能的影响

6.2.1 复合镍对稀土镁镍合金放电性能的影响

图 6.4 为复合镍量与合金放电比容量的关系图。从中可以看出，四种材料因复合镍量的不同，其最大放电比容量变化较大，Ni0、Ni50、Ni100 和 Ni150 四种材料的最大放电比容量分别为 131.2mAh/g、273.6mAh/g、729.3mAh/g 和 583.7 mAh/g，而且最大放电比容量均出现在第一次放电时，说明复合镍对材料的电化学充放电比容量产生了明显的影响，同时保持了较好的活化性能。同时可以看出，材料的最大放电比容量随复合镍量的增加呈现出先增加后降低的趋势。通过前述可知，材料通过球磨工序后已经非晶、纳米晶化，而非晶、纳米晶能够扩大氢原子与合金的接触面积，也为氢扩散提供了大量通道，使合金容易活化，这时的材料不但具备了在室温下储氢的能力，而且表现出第一次吸放氢就能活化完成的优良活化性能。另外，非晶、纳米晶的结构对提高氢的固溶度非常有利，使材料具有了较高的放电比容量。还有，球磨

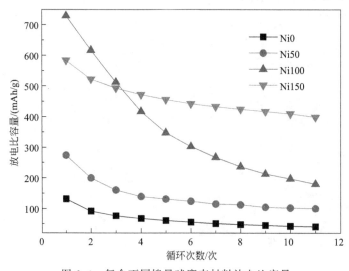

图 6.4 复合不同镍量球磨态材料放电比容量

时复合了单质镍，这些镍不但增强了材料通过球磨形成非晶的能力，同时也能对材料吸放氢产生一定的催化作用，有助于合金储氢活性的增加。正是上述原因导致复合镍并球磨后的材料不但有好的活化性能，同时还有远高于铸态的放氢容量。在对复合不等量镍并球磨的合金做结构分析时指出，复合100％镍的合金具有最为严重的非晶化，所以复合100％镍的合金有着更大的放电比容量。

图6.5是复合镍量与合金电化学循环稳定性的关系图。从中可以发现，复合镍对合金的电化学循环稳定性产生了明显的影响，但不同的镍含量影响明显不同。Ni100合金虽然具有高的放电比容量，但却具有最低的循环稳定性。而Ni0和Ni50虽然具有好的稳定性，但这种稳定性是建立在合金具有较低的放电比容量基础之上的，实际意义不大。复合150％Ni的合金不但具有较好的放电比容量，同时保持了较高的循环稳定性。这种优良性能得益于以下两方面的原因：首先是合金中产生了严重的非晶化，增加了合金中晶界以及晶格的缺陷密度，同时还提高了合金颗粒的比表面积，能够使其容纳更多的氢原子，使得合金的储氢容量得以提升；其次，镍单质是一种有着较强抗腐蚀性能的金属，通过球磨，使其均匀地包覆在合金颗粒的表面，能有效阻挡碱液对合金基体的侵蚀作用，从而提高合金的循环稳定性。正因为如此，具有最严重非晶化的Ni100有最大的吸氢量，而Ni150因复合了更多的镍，有着更好的保护作用，使其不仅具有高的放电比容量，同时还有着较好的循环稳定性。

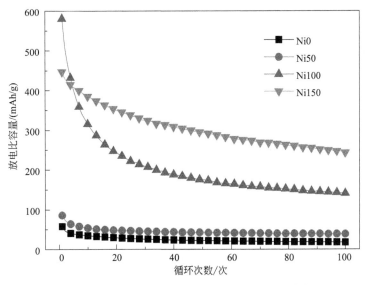

图6.5　复合不同镍量球磨态材料的电化学循环稳定性

6.2.2 复合镍对稀土镁镍合金电化学动力学性能的影响

一般认为，合金电极的动力学过程决定了其高倍率放电性能（HRD）。储氢合金电极的动力学过程主要包括两个方面：一是合金与电解液界面间的电荷转移能力，该性能主要受储氢合金表面状态的影响；二是氢从合金内部到电极表面的扩散的能力，此时主要受合金本体相结构的影响。复合镍后，改善了合金的表面状态，球磨后合金的非晶、纳米晶结构中缺陷较多，而缺陷的存在有利于氢原子的流出，从而提高了合金的高倍率放电性能。图 6.6 是复合镍量同球磨态材料高倍率放电性能的关系图。从中可以看出，就复合态而言，高倍率放电性能很明显是随着复合镍量的增加而显著提升。然而，未复合镍的 Ni0 却显示出比 Ni50 材料有更好的高倍率放电性能，这是 Ni0 具有较低的放氢量和高倍率的计算方式导致的。

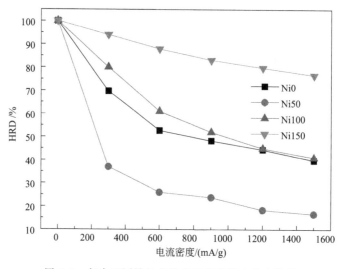

图 6.6　复合不同镍量球磨态材料高倍率放电性能

为了了解复合镍对球磨态材料电极表面电荷转移能力的影响，对四种复合不等量镍的材料进行了 EIS 测试，见图 6.7。从图 6.7 可以看出，此次实验中的交流阻抗随复合镍量的变化，呈现出不同的特点。首先是所有的阻抗谱均由明显的中频区半圆和一段斜线组成，但圆弧半径随复合镍的增加而减小，这说明复合镍有利于提高合金电极表面的电荷转移能力。另外代表韦伯（Warburg）电阻的斜线段也表现得不一致，说明氢的扩散也是不一致的，同时表明球磨时因复合镍量不同，合金非晶、纳米晶化程度不同，氢扩散的能力也不一样。材料的此项性能与高倍率放电性能表现一致。

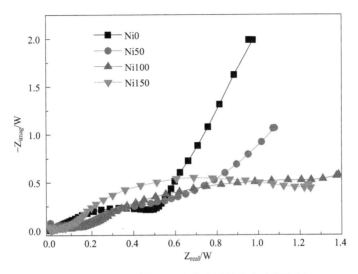

图 6.7 复合不同镍量下球磨态材料的交流阻抗图

通过 Tafel 极化曲线的测定，可以得到合金的另一个与氢扩散能力大小密切相关的电化学动力学参数，即极限电流密度。图 6.8 为不同复合镍量合金的 Tafel 极化曲线。从图 6.8 中可以看出，每条极化曲线都存在一个明显的拐点，该拐点的数值被定义为极限电流密度。极限电流密度的存在，被认为是由于在

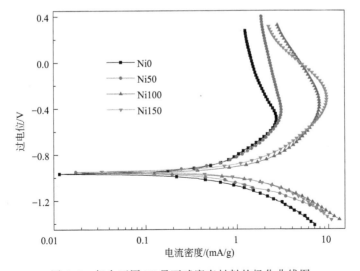

图 6.8 复合不同 Ni 量下球磨态材料的极化曲线图

合金电极表面存在一个阻碍氢原子进一步扩散进入电极中的钝化层而形成的，极限电流密度的大小表征了合金的动力学性能。球磨制备在减小了晶粒尺寸的同时也增加了合金结构上的缺陷密度，为氢的扩散提供了良好的通道。复合镍的加入，对合金表面进行了包覆，增加了合金的抗氧化能力，提高了钝化层形成电流强度，所以 Ni150 合金的性能明显好于其他复合量的合金。

图 6.9 为不同复合镍量下球磨态 $Mg_{23}YNi_{10}Cu_2$ 合金恒电位阶跃曲线及氢扩散值比较。由图可知，储氢合金电极的电流与时间的响应曲线可分为两个部分，最初开始阶跃时，合金表面的氢被迅速消耗，所需的氧化电流也因此迅速降低；随后，随着表面氢的消耗殆尽，电流的下降速率变缓，此时曲线呈现直线变化趋势，即与时间呈直线关系，此时合金体内氢的浓度决定了合金电极的电流大小，因此电流是受合金体内氢的扩散所控制。借助公式（3.3）可以计算获得此时复合材料的氢扩散系数，见图 6.9 中的插图及表 6.1。从中容易发现，氢扩散系数随复合镍的增加而增加，说明复合镍对提高氢扩散是有意义的，而且其变化趋势与动电位极化曲线表现基本一致。

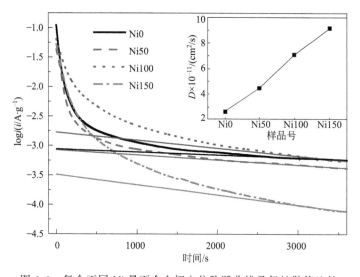

图 6.9　复合不同 Ni 量下合金恒电位阶跃曲线及氢扩散值比较

表 6.1　复合镍材料的氢扩散系数

项目	Ni0	Ni50	Ni100	Ni150
$\lg i/t \times 10^{-5}$	−4.96112	−8.51590	−13.4584	−17.4491
$D \times 10^{-11}/(cm^2/s)$	2.85199	3.1132	4.35337	5.2629

6.2.3　复合镍对电化学性能测试后合金组织的影响

图 6.10 为四种合金经过电化学测试循环后的 SEM 照片。对比图 6.2 可以看出，经过电化学测试循环后，合金的样品都发生了较为严重的腐蚀，合金在充放电前后，材料的表面产生了较大变化，由光滑的表面变成了有明显片状组织特征的表面，这些片状组织应该是合金的腐蚀产物。四种复合材料因复合镍量的不同，合金的表面也存在着一定的差异，复合镍后的合金，在腐蚀产物外围有覆盖层，导致腐蚀程度明显较轻。通过各自插图的对比，也能清晰地发现

(a) Ni0　　　　　　　　　　　　(b) Ni50

(c) Ni100　　　　　　　　　　　(d) Ni150

图 6.10　不同复合 Ni 量下合金经过电化学循环后 SEM 照片

复合镍对合金颗粒外围包覆情况较好。单质镍有着较强抗腐蚀性能，通过其在表面均匀地包覆，可以有效阻挡碱液对合金基体的侵蚀作用，从而提高合金的循环稳定性，这也是复合镍较多的材料循环稳定性较好的原因。

图 6.11 为 Ni100 复合材料电化学测试后样品在透射电子显微镜下的形貌及高分辨照片。通过其形貌图能够看出合金中有纳米级颗粒物存在，且在小区域内呈现均匀分布的特点。通过复合材料的高分辨照片能够发现，经过电化学循环后，样品中存在着多种纳米级颗粒物，包括 MgO、Mg（OH）$_2$、Cu（OH）$_2$ 以及镍单质等，这也充分说明在循环过程中，合金在碱液中逐渐被腐蚀，腐蚀导致吸氢主相 Mg$_2$（Ni，Cu）逐渐演变成为各种氢氧化物，失去吸放氢的能力，进而导致合金的放电比容量随之下降，循环稳定性变差。

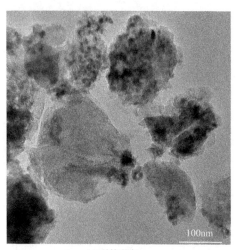
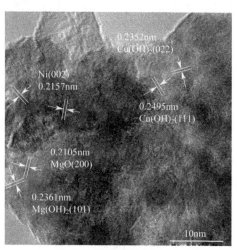

(a) 形貌观察　　　　　　　　　　　　(b) 高分辨照片

图 6.11　Ni100 材料电化学循环后 TEM 分析

为了了解复合镍对合金颗粒的包覆情况，借助透射电子显微镜对电化学测试循环之后的材料做了 Map 图，见图 6.12。从中能够发现样品中的 O 元素分布密度与 Mg 元素分布密度是一致的，说明在电化学测试过程中主要是 Mg 元素发生腐蚀氧化，结合图 6.11 分析，此时的 Mg 更多应该是以 Mg（OH）$_2$ 形式存在，也因此导致合金的电化学储氢性能下降。另外 Cu 和 Y 元素的分布比较均匀一致，而且特别需要指出的是 Ni 元素的分布在一定区域出现密度升高的现象，这表明 Ni 的加入能够在一定程度上实现对储氢合金的保护，进而提高合金的循环稳定性。另外，Ni 单质存在于 Mg$_2$Ni 相的周围，有利于 Ni 对负极材料放电的催化作用，提高合金的电化学动力学性能。

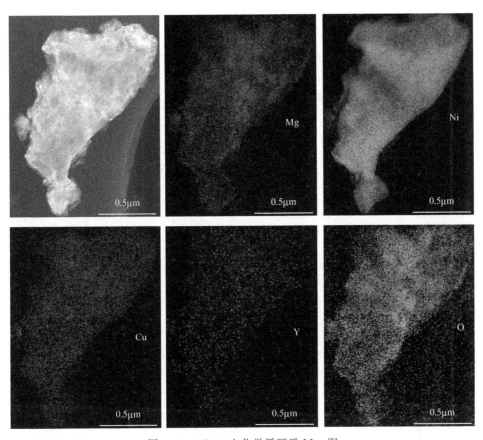

图 6.12　Ni100 电化学循环后 Map 图

6.3　复合镍对稀土镁镍合金气固储氢性能的影响

6.3.1　复合镍对稀土镁镍合金气固储氢活化性能的影响

图 6.13 为不同镍量复合后球磨态材料的活化吸氢过程。从中可以看出，同样是球磨 20h，但却因为复合了不同量的镍，其吸氢过程发生了明显的改变。未复合镍的 Ni0 在第一次吸氢时，其速率依然缓慢，但在经过三次反复吸放氢后，活化就能够完成，这要比铸态合金明显容易。通过图 6.13（b）可以看出，Ni50 合金第一次吸氢就具备了最快的吸氢速率和最大吸氢量，说明 Ni50 合金无需活化就能正常吸放氢，也说明复合一定量的镍并辅以球磨，能够明显改善合金的活化性能。当复合镍量达到 100% 时，材料的活化性能表现依然良好[图 6.13(c)]。但需要特别说明的是当合金复合了 150% Ni 时，合金

的吸氢量随着循环次数的增加而逐渐减少，经过 11 次吸放氢循环后，到第 12 次再次吸氢时，吸氢量已由第一次的 0.8％ 降低到了 0.35％，降幅在 56％ 以上，出现这种现象可能与球磨态复合材料在反复吸放氢的过程中生成了不吸氢相有关，这将在后面有关相变分析时讨论。鉴于此，在后面的气固储氢性能讨论时，不再考虑 Ni150 材料。同时还发现，随复合镍量的增加，复合材料的最大吸氢量是在逐渐减少的。

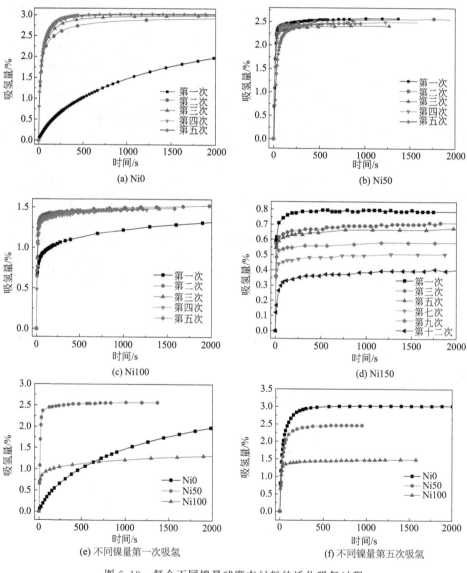

图 6.13　复合不同镍量球磨态材料的活化吸氢过程

　　图 6.14 所示为复合不等量镍并球磨后合金的活化放氢过程。从中可以看出有与吸氢过程相似的特点，合金因复合了镍而具有较好的活化性能。通过图 6.14 的（e）和（f）能够发现合金在首次放氢时，复合镍量明显影响到了合金的放氢速率，放氢速率随复合镍量的增加而明显加快，试验中的放氢速率 $v_{Ni100} > v_{Ni50} > v_{Ni0}$，而在第五次放氢时，三种材料的放氢速率差异明显变小。这说明复合镍有利于材料的晶粒细化以及非晶、纳米晶化，有助于材料放氢性

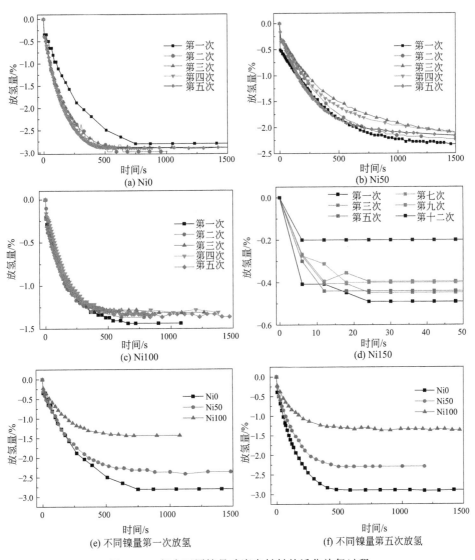

图 6.14　复合不同镍量球磨态材料的活化放氢过程

能提高。当反复吸放氢后，非晶、纳米晶化的材料发生晶化或者是晶粒长大，逐渐失去放氢的速率优势。

6.3.2 复合镍后球磨态合金气固储氢吸放氢机制分析

图 6.15 所示为借助 Avrami-Erofeev 方程[式(3.3)]对三种复合镍量合金吸放氢曲线的拟合，容易发现吸放氢曲线拟合表现不一致。第 5 章讨论了未复合镍球磨态合金的吸放氢机制，认为吸氢过程是三维扩散方式完成的，放氢则被相界反应所控制。而复合镍后出现了不同的反应，Ni50 吸放氢曲线拟合的 m 值是相近的，都在 0.9 附近，说明其吸放氢机制是相似的，动力学方程应该是 $-\ln(1-\alpha)=kt$，说明合金的吸放氢是随机形核和随后长大机制。Ni100 材料吸氢时的 m 值为 0.5974，十分接近 0.62 或者 0.57，动力学方程则是 $\alpha^2=kt$，或者 $(1-\alpha)\ln(1-\alpha)+\alpha=kt$，同时意味着 Ni100 放氢时是一维扩散或者二维扩散，抑或二者之间。而 Ni100 放氢时 m 值是 0.7505，在 0.62～1 内，方程可以选择 $\alpha^2=kt$ 或者 $-\ln(1-\alpha)=kt$。而后面的动力学计算结果显示，此时的放氢机制更符合随机形核和随后长大机制。可以看出，复合镍后对材料的吸放氢机制产生了明显的影响，导致材料的吸放氢速率出现差异。

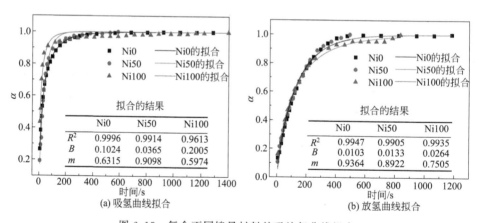

图 6.15　复合不同镍量材料的吸放氢曲线拟合

6.3.3 复合镍对球磨态合金气固储氢放氢动力学性能的影响

鉴于前面的分析，复合材料的放氢量随复合镍量的增加而减少，而 Ni150 的吸氢量非常小，在接下来的动力学和热力学讨论中，不再考虑。对于动力学的计算，在上面已经讨论了动力学模型的选择，经过实际计算发现 $-\ln(1-$

α）＝kt 最合适此种情况下的放氢动力学计算，这与前面未复合镍时的方程是不同的。依据此模型，并对－ln（1－α）与时间 t 进行线性拟合，得到 k 值，见图 6.16（a）～（c）。之后，将 lnk 与 1/T 再次线性拟合，见图 6.16（a）～（c）中插图，并借助阿伦尼乌斯（Arrhenins）公式[式（1.5）和式（1.6）]，求得 Ea，见图 6.16（d）。通过将 Ni0、Ni50 和 Ni100 的放氢动力学进行对比可以发现，复合镍的球磨态合金活化能在 66 kJ/mol 左右，反而稍稍高于未复合镍的合金放氢活化能，说明复合镍并不能对合金的放氢动力学性能起到改善作用。

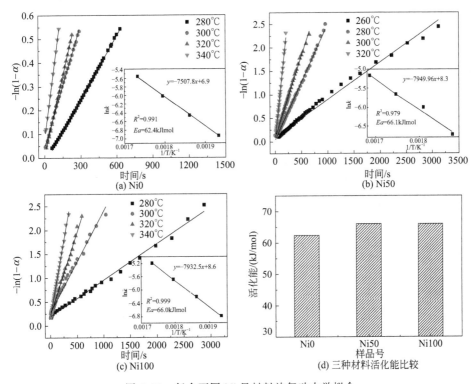

图 6.16　复合不同 Ni 量材料放氢动力学拟合

6.3.4　复合镍对球磨态合金气固储氢放氢热力学性能的影响

图 6.17 所示为 Ni0、Ni50 和 Ni100 三种材料的 PCT 曲线及对应的 Van't Hoff 曲线，从中能够看出，复合镍后的材料的 PCT 曲线同未复合镍的一样只有一个吸放氢的平台，吸放氢量明显减少。而通过 Van't Hoff 公式[式（1.4）]计算得到的合金热力学熵变（ΔS）和焓变（ΔH）值（见表 6.2）发现，复合

镍并不能改善合金的热力学性能。尽管复合镍并球磨使储氢相产生非晶、纳米晶化，但合金在吸氢的过程中必然会发生原子重排，原子重新结晶且晶粒尺寸会逐渐增加而失去细化组织带来的优势。同时，吸氢主要过程仍然是 $Mg_2Ni + 2H_2 \rightleftharpoons Mg_2NiH_4$，因此合金的热力学性能保持不变。

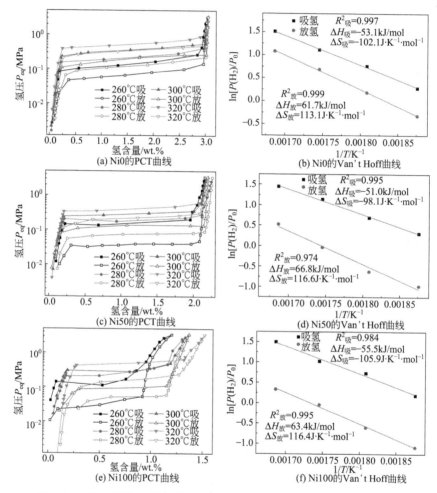

图 6.17　复合不同 Ni 量材料吸放氢 PCT 曲线及对应的 Van't Hoff 曲线

表 6.2　复合镍球磨态材料放氢的热力学值

样品	吸氢		放氢	
	$\Delta H/(kJ/mol)$	$\Delta S/J \cdot K^{-1} \cdot mol^{-1}$	$\Delta H/(kJ/mol)$	$\Delta S/J \cdot K^{-1} \cdot mol^{-1}$
Ni0	−53.1	−102.1	61.7	113.1
Ni50	−51.0	−98.1	66.8	116.6
Ni100	−55.5	−105.9	63.4	116.4

6.4 复合镍后球磨态合金的放氢过程中相及组织结构变化

6.4.1 复合镍合金吸放氢过程中的相变

图 6.18 为 Ni50 合金第一、三、五次活化吸氢后的 XRD 图谱。从中可以看出，随活化次数的增加，复合材料的 XRD 图谱发生了一定的变化，当第五次吸氢后，合金中甚至出现了 Ni$_5$Y 相，这说明复合镍并球磨后合金发生了非晶化，在随后的吸放氢及加热的双重作用下，原子发生重排，同时因为复合了过多的镍，使合金出现 Ni$_3$Y 相，甚至 Ni$_5$Y 等相。出现过多不吸氢相后，必然导致复合材料的吸氢量下降。这正是图 6.13 中吸氢量随活化次数增加而逐渐降低的原因。为了能够了解合金的吸放氢循环后相的变化情况，对循环后的放氢样品也做了 XRD 分析，见图 6.19。从中能够发现合金放氢后的样品中不

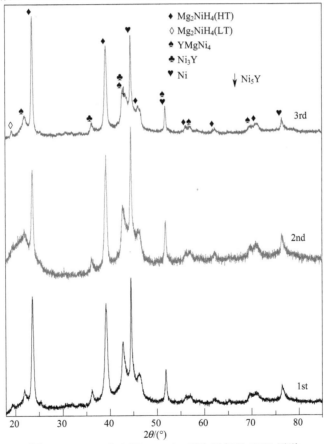

图 6.18 Ni50 合金第一、三、五次吸氢后 XRD 图谱

但仍然有 Ni_5Y 相，同时还发现存在 $MgNi_2$ 相，这进一步佐证了上面分析的正确性。因为 Ni100 和 Ni150 发生了更为严重的非晶化，所以同样的结果也应该会出现在 Ni100 和 Ni150 合金中。

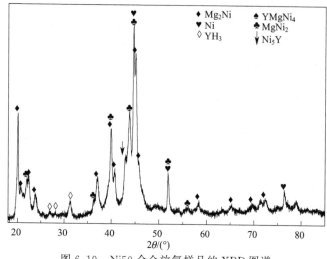

图 6.19　Ni50 合金放氢样品的 XRD 图谱

图 6.20 是 Ni150 合金经过吸放氢循环后，再次吸放氢样品的 XRD 图谱。从中能够发现 Ni150 合金经过吸放氢循环后，合金中主要相只有 Ni 相和 Mg-Ni_2 相，通过对 Ni150 合金吸放氢过程中的相变化分析，可以得出这些相的形

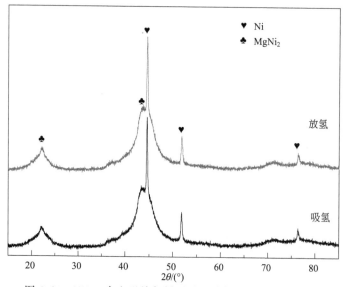

图 6.20　Ni150 合金吸放氢循环后吸放氢样品的 XRD 图谱

成同样是因为复合了大量的镍后合金晶体发生严重的非晶化，在后期加热等因素影响下金属原子发生重排，形成了较多的 $MgNi_2$ 相。而 $MgNi_2$ 相在本实验条件下是不能吸氢相，所以 Ni150 合金的吸氢量随着活化次数增加而逐渐降低，最终导致合金吸氢量极低。

6.4.2　复合镍球磨态合金在吸放氢过程中的显微组织变化

图 6.21 为 Ni0、Ni50、Ni100 和 Ni150 合金气态吸放氢循环后的吸放氢样品的背散射照片。从中能够发现四种储氢材料在吸放氢前后的形貌特征变化不

图 6.21

(e) Ni100吸氢   (f) Ni100放氢

(g) Ni150吸氢   (h) Ni150放氢

图 6.21 复合镍合金吸放氢循环后吸放氢样品的 SEM 背散射照片

大，这说明吸放氢对材料的显微形貌没有影响。但复合镍后与未复合之前相比，差异较大。未复合镍时，合金经过球磨后，颗粒呈现出不规则的外形，且大小不一，细小者居多，颗粒中包含有不同颜色的区域，说明不同相交织在一起，通过其插图发现合金具有絮状特征。而当复合了 Ni 粉后，无论复合镍量多少，均能使材料的颗粒出现球形化，而不再是其他的形状，随着复合镍量的增加，圆球直径增加，且呈现出更加均匀化的趋势。图 6.21 的插图显示出复合镍后材料的颗粒与复合镍前颗粒存在着明显不同的细节，不再是絮状，而是有典型的团聚特征。

6.4.3 复合镍球磨态合金在吸放氢过程中的显微结构

图 6.22 为 Ni50 合金吸放氢后的高分辨照片。从中可以看出，材料的组成主要是纳米晶，未发现有非晶化区，说明在反复吸放氢的过程中，非晶化的原子在加热及吸放氢的双重作用下，发生重排，进而晶化成为晶体。通过图 6.22（a）能够发现纳米尺度的 Ni 单质颗粒分布于纳米级的 Mg_2NiH_4 颗粒之间，这种存在方式有利于镍对 Mg_2NiH_4 的放氢催化。而由图 6.22（b）则发现，放氢后合金的组成相主要包括 Mg_2Ni、$YMgNi_4$、Ni 和 $MgNi_2$ 等相。其中的 $MgNi_2$ 相，应该是非晶化合金重新结晶后形成的，该相是不吸氢相，正是由于该相的生成从而导致了材料吸氢量的降低。

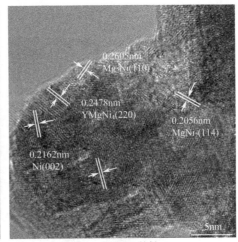

(a) Ni50吸氢   (b) Ni50放氢

图 6.22 Ni50 合金吸放氢循环后吸放氢样品的高分辨照片

图 6.23 为 Ni150 合金的在透射电子显微镜下吸放氢样品的形貌及高分辨照片。从中可以看出，吸放氢样品的形貌十分的相似，在基体中分布有黑白相间的物质。而高分辨照片中显示无论是在吸氢样品中还是放氢样品中，都存在着非吸氢的 $MgNi_2$ 相，这与 SEM 和 XRD 的结果是一致的。正是由于大量 $MgNi_2$ 相的存在导致了合金吸放氢量的急剧减少，同时在 Ni150 放氢样品中还发现了 Ni_2Y_3 相，说明在复合了大量的镍后，复合材料在球磨过程中发生严重的非晶化，而后的加热和吸放氢处理，导致原子重新排列，发生了极其复杂的反应，并随着循环次数的增多，复合材料中逐渐产生更大量的 $MgNi_2$，导致吸氢量随循环次数的增加而逐渐减少。除此以外，球磨态的复合材料中还产生了其他的微量杂相。

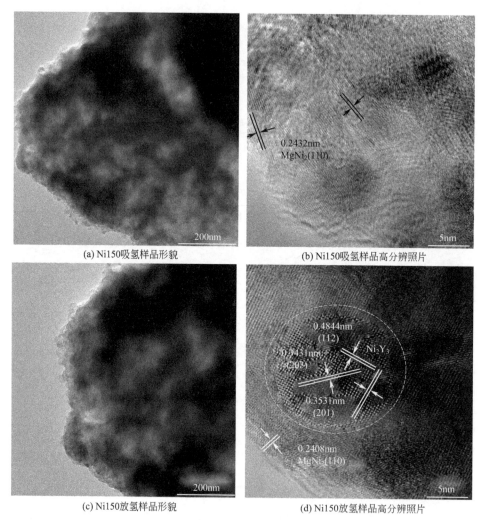

(a) Ni150吸氢样品形貌

(b) Ni150吸氢样品高分辨照片

(c) Ni150放氢样品形貌

(d) Ni150放氢样品高分辨照片

图 6.23 Ni150 合金吸放氢循环后吸放氢样品的形貌特征及高分辨照片

通过上述分析发现，复合镍并球磨的方法不适宜用于改善合金的气态吸放氢性能。

6.5 本章小结

① 复合镍能够显著促进球磨过程中合金的非晶及纳米晶化的进程。复合 $100wt.\%Ni$ 时，产生最严重的非晶化，之后，随复合镍量的增加，合金的非晶化程度有所减轻。

② 复合镍的加入能够显著提升合金的电化学性能，既提高了合金的放电比容量，也提高了合金的动力学性能，本次试验中，Ni100 具有最大的放电比容量，达到了 729.3 mAh/g，而 Ni150 却有着更好的循环稳定性和动力学性能。同时发现负极材料的腐蚀氧化是导致合金循环稳定性变差的主要原因。

③ 复合镍能够明显改善合金的活化性能，合金在前几次吸放氢时具有较高的放氢速率，但随着吸放氢循环次数增加，复合镍材料逐渐失去放氢速率较快的优势。合金的气态动力学及热力学测试表明，复合镍对材料气固储氢的动力学及热力学性能改善不起作用。

④ 复合镍对材料的吸放氢机制产生了明显的影响。Ni50 合金吸放氢均为随机形核和随后长大的控制机制，Ni100 合金吸氢时则为二维扩散机制，放氢时为随机形核和随后长大的控制机制。

⑤ 通过对复合镍并球磨的合金的电化学及气态吸氢测试表明，复合适量镍并辅以球磨制备后，可以明显改善材料的电化学性能，但却不适宜用于镁镍系合金气态吸氢性能的改善。

参考文献

[1] 倪伟波．能源革命进行时［N］．科学新闻，2017-06-25．

[2] 李江涛，张春成，翁玉艳，等．基于情景的世界能源展望归纳研究（2019）［J］．能源，2019
（8）：65-69．

[3] JAIN I P，LAL C，JAIN A. Hydrogen storage in Mg：A most promising material［J］. International
Journal of Hydrogen Energy，2010，35：5133-5144．

[4] 李厚生．石油的代用能源——氢的性质、制取、储存和应用［J］．小型内燃机，1991（3）：
24-28．

[5] 程之星．氢能源的生产储备及国内外氢经济的发展对比和前景［J］．石化技术，2017（05）：
217-220．

[6] NIAZ S，MANZOOR T，ALTAF H P. Hydrogen storage：Materials，methods and perspectives
［J］. Renewable and Sustainable Energy Reviews，2015，50：457-469．

[7] MORADI R，KATRINA M G. Hydrogen storage and delivery：Review of the state of the art tech-
nologies and risk and reliability analysis［J］. International Journal of Hydrogen Energy，2019，
44：11226-12254．

[8] 毛宗强．氢能知识系列讲座（1）氢能：人类未来的清洁能源—由《百年备忘录》说开去［J］．
太阳能，2007（1）：9-11．

[9] 舟丹．氢能时代与制氢途径［J］．中外能源，2017，22（04）：46．

[10] 霍现旭，王靖，蒋菱，等．氢储能系统关键技术及应用综述［J］．储能科学与技术，2016，5
（2）：197-202．

[11] 杨忠阳．河北张家口在京发布氢能张家口建设规划［N］．经济日报，2019-06-13．

[12] 毛宗强．氢能：21世纪的绿色能源［M］．北京：化学工业出版社，2005：1-417．

[13] 胡子龙．储氢合金［M］．北京：化学工业出版社，2002．

[14] HELMOLT R V，EBERLE U. Fuel cell vehicles：Status 2007［J］. Journal of Power Sources，
2007，165：833-843．

[15] 张四奇．固体储氢材料的研究综述［J］．材料研究与应用，2017，11（4）：211-215，22．

[16] HOSSEINI S V，HADI A，AHMAD K. Comparison of hydrogen absorption in metallic and semi-
conductor single-walled Ge- and GeO_2-doped carbon nanotubes［J］. International Journal of Hy-
drogen Energy，2017，42（2）：969-977．

[17] BOBBITT N S，RANDALL Q S. Molecular modelling and machine learning for high-throughput
screening of metal-organic frameworks for hydrogen storage［J］. Journal Molecular Simulation，
2019，45（14/15）：1069-1081．

[18] Mi Tian，ROCHAT S，POLAK-KRAŚNA K，et al. Nanoporous polymer-based composites for
enhanced hydrogen storage［J］. Adsorption，2019，25（4）：889-901．

[19] PREWITZ M，GABER M，MÜLLER R，et al. Polymer coated glass capillaries and structures for
high-pressure hydrogen storage：Permeability and hydrogen tightness［J］. International Journal

of Hydrogen Energy, 2018, 43 (11): 5637-5644.

[20] GERWIN H S, BAUER J, EDER A, et al. A hybrid hydrolytic hydrogen storage system based on catalyst-coated hollow glass microspheres [J] . International Journal of Energy Research, 2017, 41 (2): 297-314.

[21] 叶佳宇, 刘亚丽, 王靖林, 等 . Zr 催化剂对 $NaAlH_4$ 和 Na_3AlH_6 可逆储氢性能的影响 [J] . 物理学报, 2010, 59 (06): 4178-4184.

[22] 梁初, 梁升, 夏阳, 等 . Mg $(NH_2)_2$-2LiH 储氢材料的研究进展 [J] . 物理化学学报, 2015, 31 (04): 627-635.

[23] 陈丹丹, 范燕平, 陈强, 等 . Ti_3C_2 MXene 复合材料改善 PMMA-$LiBH_4$ 的储氢性能 [J] . 人工晶体学报, 2018, 47 (7): 1424-1430.

[24] 大角泰章著 . 金属氢化物的性质与应用 [M] . 吴永宽, 苗艳秋译 . 北京: 化学工业出版社, 1990.

[25] ROBERT A V, TOMASZ C, WRONSKI Z S. Nanomaterials for solid state hydrogen storage [M] . Springer, 2009: 1-346.

[26] 杨泰 . 非晶/纳米晶 Mg-Y 基贮氢材料的制备及吸放氢性能研究 [D] . 北京: 钢铁研究总院, 2016.

[27] YOUNG K, OUCHI T, FETCENKO M A. Pressure-composition-temperature hysteresis in C14 Laves phase alloys: Part 1. Simple ternary alloys [J] . Journal of Alloys and Compounds, 2009, 480: 428-433.

[28] PBroomDarren, 刘永峰, 潘洪革, 等 . 储氢材料: 储存性能的表征 [M] . 北京: 机械工业出版社, 2013.

[29] Lin Qin, Chen Ning, Ye Wen, et al. Kinetics of hydrogen absorption in hydrogen storage alloy [J] . Journal of Beijing University of Science and Technology, 1997, 4 (2): 34-37.

[30] R. W. Cahn, P. Haasen, E. J. Kramer (Eds.), Materials science and technology, Vol. 3, VCH, 1994, Chapter 13.

[31] MOSHE H M, Yehuda Z. Hydriding kinetics of powders [J] . Journal of Alloys and Compounds, 1994, 216: 159-175.

[32] ACHESON R J, JACOBS P M. The thermal decomposition of magnesium perchlorate and of ammonium perchlorate and magnesium perchlorate mixtures [J] . The Journal of Physical Chemistry, 1970, 74 (2): 281-288.

[33] FAHIM R B, KOLTA G A. Thermal decomposition of hydrated cadmium oxide [J] . The Journal of Physical Chemistry, 1970, 74 (12): 2502-2507.

[34] DOLLIMORE D, TINSLEY D. The thermal decomposition of oxalates. Part XII. The thermal decomposition of lithium oxalate [J] . Journal of the Chemical Society (a), 1971: 3043-3047.

[35] BARKHORDARIAN G, KLASSEN T, BORMANN R. Kinetic investigation of the effect of milling time on the hydrogen sorption reaction of magnesium catalyzed with different Nb_2O_5 contents [J] . Journal of Alloys and Compounds, 2006, 407: 249-255.

[36] Zhou Huaiying, Lan Xingxian, Wang Zhongmin, et al. Effect of rapid solidification on phase structure and hydrogen storage properties of Mg_{70} $(Ni_{0.75}La_{0.25})_{30}$ alloy [J]. International Journal of Hydrogen Energy, 2012, 37: 11318-13178.

[37] KOHNO T, YAMAMOTO M, KANDA M. Electrochemical properties of mechanically ground Mg_2Ni alloy [J]. Journal of Alloys and Compounds, 1999, 293: 643-647.

[38] 唐有根. 镍氢电池 [M]. 北京：化学工业出版社, 2007.

[39] KLEPERIS J, WOJCIK G, CZERWINSKI A, et al. Electrochemical behavior of metal hydrides [J]. Journal of Solid State Electrochemistry, 2001, 5 (4): 229-249.

[40] CUEVAS F, JOUBERT J M, LATROCHE M, et al. Intermetallic compounds as negative electrodes of Ni/MH batteries [J]. Applied Physics a, 2001, 72 (2): 225-238.

[41] BUSCHOW K H, MAL H V. Phase relations and hydrogen absorption in the lanthanum-nickel system [J]. Journal of the Less Common Metals, 1972, 29 (2): 203-210.

[42] RATNAKUMART B V, BOWMAN C C, JR, et al. Electrochemical studies on $LaNi_{5-x}Sn_x$ metal hydride alloys [J]. J. Electrochern. SOC, 1996, 143 (8): 2578-2584.

[43] CASINI Julio Cesar Serafim, Guo Zaiping, Hua Kunliu, et al. Effect of Sn substitution for Co on microstructure and electrochemical performance of AB_5 type $La_{0.7}Mg_{0.3}Al_{0.3}Mn_{0.4}Co_{0.5-x}Sn_xNi_{3.8}$ ($x=0-0.5$) alloys [J]. Transactions of Nonferrous Metals Society of China, 2015 (25): 520-526.

[44] 赵磊, 罗永春, 邓安强, 等. 无镁超点阵结构 A_2B_7 型 $La_{1-x}Y_xNi_{3.25}Mn_{0.15}Al_{0.1}$ 合金的储氢和电化学性能 [J]. 高等学校化学学报, 2018, 39 (9): 1993-2002.

[45] 董振伟, 王云克, 熊海岩, 等. AB_3 型 $La_{0.7}Mg_{0.3}Ni_{2.5}Co_{0.5}$ 金的相结构与放电容量衰退机理研究 [J]. 河南大学学报 (自然科学版), 2018, 48 (6): 695-701.

[46] VOLODIN A A, ROMAN V D, Wan Chubin, et al. Study of hydrogen storage and electrochemical properties of AB_2-type $Ti_{0.15}Zr_{0.85}La_{0.03}Ni_{1.2}Mn_{0.7}V_{0.12}Fe_{0.12}$ alloy [J]. Journal of Alloys and Compounds, 2019, 793: 564-575.

[47] BERDONOSOVA E A, ZADOROZHNYY V Y, ZADOROZHNYY M Y, et al. Hydrogen storage properties of TiFe-based ternary mechanical alloys with cobalt and niobium. A thermochemical approach [J]. International Journal of Hydrogen Energy, 2019, 44 (55): 29159-29165.

[48] HYE R P, KWAK Y J, SONG M Y. Nucleation and growth behaviors of hydriding and dehydriding reactions of Mg_2Ni [J]. Materials Research Bulletin, 2018, 99: 23-28.

[49] 张胤, 王青春, 许剑轶, 等. 稀土材料制备技术 [M]. 北京：化学工业出版社, 2014.

[50] Wan Chubin, DENYS R V, LELIS M, et al. Electrochemical studies and phase-structural characterization of a highcapacity La-doped AB_2 Laves type alloy and its hydride [J]. Journal of Power Sources, 2019, 418: 193-201.

[51] ZADOROZHNYY V, BERDONOSOVA E, GAMMER C, et al. Mechanochemical synthesis and hydrogenation behavior of $(TiFe)_{100-x}Ni_x$ alloys [J]. Journal of Alloys and Compounds, 2019, 796: 42-46.

[52] 张晓丽, 王乃飞, 李涛, 等. 氢化镁放氢动力学的研究 [J]. 功能材料, 2015 (09):

9041-9044.

[53] GOODELL P D, RUDMAN P S. Hydriding and dehydriding rates of the LaNi$_5$-H system [J]. Journal of the Less-Common Metals, 1983, 89: 117-125.

[54] Zhu M, Gao Y, Che X Z, et al. Hydriding kinetics of nano-phase composite hydrogen storage alloys prepared by mechanical alloying of Mg and MmNi$_{5-x}$(CoAlMn)$_x$ [J]. Journal of Alloys and Compounds, 2002, 330: 708-713.

[55] Liang G, HUOT J, SCHULZ R. Mechanical alloying and hydrogen storage properties of CaNi$_5$-basedalloys [J]. Journal of Alloys and Compounds, 2001, 321: 146-150.

[56] MODIBANE K D, LOTOTSKYY M, DAVIDS M W, et al. Influence of co-milling with palladium black on hydrogen sorption performance and poisoning tolerance of surface modified AB$_5$-type hydrogen storage alloy [J]. Journal of Alloys and Compounds, 2018, 750: 523-529.

[57] MARZIA P, FRANCO P, LUCIANO P, et al. AB$_5$/ABS composite material for hydrogen storage [J]. International Journal of Hydrogen Energy, 2009, 34: 4592-4596.

[58] OESTERREICHER H, BITTNER H. Hydride gormation in La$_{1-x}$Mg$_x$Ni$_2$ [J]. Journal of the Less-Common Metals, 1980, 73: 339-344.

[59] Fang Fang, Chen Ziliang, Wu Deyao, et al. Subunit volume control mechanism for dehydrogenation performance of AB$_3$-type superlattice intermetallics [J]. Journal of Power Sources, 2019, 427: 145-153.

[60] REILLY J J, WISWALL R H. Formation and properties of iron titanium hydride [J]. Inorganic Chemistry, 1974, 13 (1): 218-222.

[61] ZEAITER A, CHAPELLE D, CUEVAS F, et al. Milling effect on the microstructural and hydrogenation properties of TiFe$_{0.9}$Mn$_{0.1}$ alloy [J]. Powder Technology, 2018, 339: 903-910.

[62] EMAMI H, KAVEH E, MATSUDA J, et al. Hydrogen storage performance of TiFe after processing by ball milling [J]. ACTA Materialia, 2015, 88: 190-195.

[63] TSUKAHARA M, TAKAHASHI K, MISHIMA T, et al. Heat-treatment effects of V-based solid solution alloy with TiNi-based network structure on hydrogen storage and electrode properties [J]. Journal of Alloys and Compounds, 1996, 245 (1/2): 133-138.

[64] TSUKAHARA M, TAKAHASHI K, MISHIMA T, et al. Influence of various additives in vanadium-based alloys V$_3$TiNi$_{0.56}$ on secondary phase formation, hydrogen storage properties and electrode properties [J]. Journal of Alloys and Compounds, 1996, 245 (1/2): 59-65.

[65] TSUKAHARA M, TAKAHASHI K, TAKAHIRO M, et al. Phase structure of V-based solid solutions containing Ti and Ni and their hydrogen absorption-desorption properties [J]. Journal of Alloys and Compounds, 1995, 224 (1): 162-167.

[66] Yang Tai, Yuan Zeming, Bu Wengang, et al. Evolution of the phase structure and hydrogen storage thermodynamics and kinetics of Mg$_{88}$Y$_{12}$ binary alloy [J]. International Journal of Hydrogen Energy, 2016, 41 (4): 2689-2699.

[67] ZAVALII I Y, BEREZOVETS V V, DENYS R V. Nanocomposites based on magnesium for hy-

drogen storage：Achievements and Prospects（A Survey）［J］.Materials Science，2019，54
(5)：611-626.

[68] CRIVELLO J C，DENYS R V，DORNHEIM M，et al.Mg-based compounds for hydrogen and
energy storage［J］.Applied Physics a，2016，122（85）：1-17.

[69] Zhao Dongliang，Zhang Yanghuan.Research progress in Mg-based hydrogen storage alloys［J］.
Rare Metals，2014，33（5）：499-510.

[70] 周鹏，刘启斌，隋军，等.化学储氢研究进展［J］.化工进展，2014，33（8）：2004-2011.

[71] Yuan Zeming，Yang Tai，Bu Wengang，et al.Structure，hydrogen storage kinetics and thermo-
dynamics of Mg-base Sm_5Mg_{41} alloy［J］.International Journal of Hydrogen Energy，2016，41
(14)：5994-6003.

[72] Yang Tai，Li Qiang，Ning Liu，et al.Improved hydrogen absorption and desorption kinetics of
magnesium-based alloy via addition of yttrium［J］.Journal of Power Sources，2018，378：
636-645.

[73] Si Tingzhi，Ma Yong，Li Yongtao，et al.Solid solution of Cu in Mg_2NiH_4 and its destabilized
effect on hydrogen desorption［J］.Materials Chemistry and Physics，2017，193：1-6.

[74] TAKAHASHI Y，YUKAWA H，MORINAGA M.Alloying effects on the electronic structure of
Mg_2Ni intermetallic hydride［J］.Journal of Alloys and Compounds，1996，242（1-2）：98-107.

[75] Lu Zhang，Zhang Junling，Han Shumin，et al.Phase transformation and electrochemical proper-
ties of $La_{0.70}Mg_{0.30}Ni_{3.3}$ super-stacking metal hydride alloy［J］.Intermetallics，2015，58：
65-70.

[76] 张羊换，杨泰，吴征洋，等.RE（RE＝Nd，Sm，Pr）部分替代 A_2B_7 型合金电化学贮氢性能的
影响［J］.稀有金属，2015，39（01）：1-10.

[77] 王北平，赵丽敏，王兴蔚，等.Sn 替代 Ni 对 R-Mg-Ni 基合金结构和电化学性能的影响［J］.稀
有金属，2015（06）：487-492.

[78] 陈玉安，郭庆，黄华，等.Zr 在 Mg_2Ni 储氢合金中的作用［J］.材料热处理学报，2009（05）：
10-13.

[79] Lv Yujie，Zhang Bao，Wu Ying.Effect of Cu substitution for Ni on microstructural evolution and
hydrogen storage properties of the $Mg_{77}Ni_{20-x}Cu_xLa_3$（$x=0$，5，10at%）alloys［J］.Journal of
Alloys and，2015（645）：S423-S427.

[80] Hou Xiaojiang，Hu Rui，Zhang Tiebang，et al.Hydrogenation thermodynamics of melt-spun
magnesium rich Mg-Ni nanocrystalline alloys with the addition of multiwalled carbon nanotubes and
TiF_3［J］.Journal of Power Sources，2016，306：437-447.

[81] Li Qian，Li Yang，Liu Bin，et al.The cycling stability of the in situ formed Mg-based nanocom-
posite catalyzed by YH_2［J］.Journal of Materials Chemistry A，2017，5（33）：11754-17532.

[82] 王鸿钰，田晓，尚涛，等.铸态及快淬态 Mm（NiCoMnAl）$_5$-Ni 储氢合金的微结构与电化学性
能［J］.稀土，2016（05）：6-11.

[83] 张国芳，许剑轶，张胤，等.球磨参数及 Ni 比例对 Mg_2Ni 合金储氢性能影响研究［J］.内蒙古

科技大学学报，2014（04）：323-327.

[84] ÁDÁM R，MARCELL G，ERHARD S，et al. Dehydrogenation-hydrogenation characteristics of nanocrystalline Mg_2Ni powders compacted by high-pressure torsion [J]. Journal of Alloys and Compounds，2017，702：84-91.

[85] RÉVÉSZ Á，GAJDICS M，VARGA L K，et al. Hydrogen storage of nanocrystalline Mg-Ni alloy processed by equal-channel angular pressing and cold rolling [J]. International Journal of Hydrogen Energy，2014，39（18）：9911-9917.

[86] HONGO T，KAVEH E，MAKOTO A，et al. Significance of grain boundaries and stacking faults on hydrogen storage properties of Mg_2Ni intermetallics processed by high-pressure torsion [J]. ACTA Materialia，2015，92：46-54.

[87] SANG S H，NAM H G，KYUNG S L. Effects of sintering on composite metal hydride alloy of Mg_2Ni and TiNi synthesized by mechanical alloying [J]. Journal of Alloys and Compounds，2003，360：243-249.

[88] AKTEKIN B，ÇAKMAK G，ÖZTÜRK T. Induction thermal plasma synthesis of Mg_2Ni nanoparticles [J]. International Journal of Hydrogen Energy，2014，39：9859-9864.

[89] JUNKO M，NAOKI U，KANAI T，et al. Effect of Mg/Ni ratio on microstructure of Mg-Ni films deposited by magnetron sputtering [J]. Journal of Alloys and Compounds，2014，617：47-51.

[90] Song Wenjie，Li Jinshan，Zhang Tiebang，et al. Microstructure and tailoring hydrogenation performance of Y-doped Mg_2Ni alloys [J]. Journal of Power Sources，2014，245：808-815.

[91] FU-KAI H，CHE-WEI H，JENG-KUEI C，et al. Structure and hydrogen storage properties of $Mg_2Cu_{1-x}Ni_x$ （$x=0-1$）alloys [J]. International Journal of Hydrogen Energy，2010，35（24）：11325-13247.

[92] SANJAY K，MIYAOKA H，ICHIKAWA T，et al. Micro-alloyed Mg_2Ni for better performance as negative electrode of Ni-MH battery and hydrogen storage [J]. International Journal of Hydrogen Energy，2017，42（8）：5220-5226.

[93] Zhong Haichang，Xu Jingbo，Jiang Chunhai，et al. Microstructure and remarkably improved hydrogen storage properties of Mg_2Ni alloys doped with metal elements of Al，Mn and Ti [J]. Transactions of Nonferrous Metals Society of China，2018，28：2470-2477.

[94] Zhang Yanghuan，Yuan Zeming，Yang Tai，et al. Highly improved electrochemical performances of the nanocrystalline and amorphous Mg_2Ni-type alloys by substituting Ni with M（M=Cu，Co，Mn）[J]. Journal of Wuhan University of Technology-Mater. Sci. ED，2017，32（3）：685-694.

[95] Hui Wang，Jie Hu，Han Fuguo，et al. Enhanced joint catalysis of YH_2/Y_2O_3 on dehydrogenation of MgH_2 [J]. Journal of Alloys and Compounds，2015，645：s209-s212.

[96] 张国芳，翟亭亭，胡锋，等. 纳米 CuO 催化剂晶粒尺寸对 Mg_2Ni 基复合材料储氢性能的影响 [J]. 材料工程，2018，46（7）：151-156.

[97] STARINK M J. Analysis of hydrogen desorption from linear heating experiments：Accuracy of activation energy determinations [J]. International Journal of Hydrogen Energy，2018，43：

6638-6641.

[98] 郭志刚，曾小勤，常建卫，等 . $Mg_{67-x}Ca_xNi_{33}$（$x=0,5,10,15,20,at\%$）合金的物相及储氢性能研究 [J]. 稀有金属材料与工程，2012，41（6）：1080-1084.

[99] Huang L W, ELKEDIM O, MOUTARLIER V. Synthesis and characterization of nanocrystalline Mg_2Ni prepared by mechanical alloying: Effects of substitution of Mn for Ni [J]. Journal of Alloys and Compounds, 2010, 504: s311-s314.

[100] Zhang Yanghuan, Li Baowei, Ma Zhihong, et al. Improved hydrogen storage behaviours of nanocrystalline and amorphous Mg_2Ni-type alloy by Mn substitution for Ni [J]. International Journal of Hydrogen Energy, 2010, 35 (21): 11197-11966.

[101] Wang Y T, Wan C B, Wang R L, et al. Effect of Cr substitution by Ni on the cyclingstability of Mg_2Ni alloy using EXAFS [J]. International Journal of Hydrogen Energy, 2014, 39: 11486-14858.

[102] SELVAM P, VISWANATHAN B, SWAMY C S, et al. Studies on the thermal characteristics of hydrides of Mg, Mg_2Ni, Mg_2Cu and $Mg_2Ni_{1-x}M_x$ (M＝Fe, Co, Cu or Zn; $0＜x＜1$) alloys [J]. International Journal of Hydrogen Energy, 1988, 13 (2): 87-94.

[103] GUPT K P. The Cu-Mg-Ni (Copper-Magnesium-Nickel) System [J]. Journal of Phase Equilibria and Diffusion, 2004, 25 (5): 471-478.

[104] Zhang Q A, Yang D Q. Magnesium effect on hydrogen-induced amorphization of $Sm_{2-x}Mg_xNi_4$ compounds [J]. Journal of Alloys and Compounds, 2017, 711: 312-318.

[105] HANADA N, SHIN-ICHI O, FUJII H. Hydriding properties of ordered-/disordered-Mg-based ternary Laves phase structures [J]. Journal of Alloys and Compounds, 2003, 356: 429-432.

[106] STAN C, ASANO K, SAKAKI K, et al. In situ XRD for pseudo Laves phases hydrides highlighting the remained cubic structure [J]. International Journal of Hydrogen Energy, 2009, 34: 3038-3043.

[107] SHTENDER V V, DENYS R V, PAUL-BONCOUR V, et al. Hydrogenation properties and crystal structure of $YMgT_4$ (T = Co, Ni, Cu) compounds [J]. Journal of Alloys and Compounds, 2014, 603: 7-13.

[108] Liu Yuru, Yuan Huiping, Miao Guo, et al. Effect of Y element on cyclic stability of A_2B_7-type La-Y-Ni-based hydrogen storage alloy [J]. International Journal of Hydrogen Energy, 2019, 44: 22064-22207.

[109] Yu Shi, Leng Haiyan, Luo Qun, et al. Effect of substituting Y with Mg on the microstructure and electrochemical performance of LaY_2Ni_9 hydrogen storage alloy [J]. Catalysis Today, 2018, 318: 86-90.

[110] AONO K, ORIMO S, FUJII H. Structural and hydriding properties of $MgYNi_4$: A new intermetallic compound with C15b-type Laves phase structure [J]. Journal of Alloys and Compounds, 2000, 309 (1-2): L1-L4.

[111] PRADELL T, CRESPO D, CLAVAGUERA N, et al. Diffusion controlled grain growth in pri-

mary crystallization: Avrami exponents revisited [J]. Journal of Physics Condensed Matter, 1999 (1): 1-16.

[112] Ouyang L Z, Dong H W, Zhu M. Mg_3Mm compound based hydrogen storage materials [J]. Journal of Alloys and Compounds, 2007, 446: 124-128.

[113] ZOLLIKER P, YVON K, BAERLOCHER C H. Low-temperature structure of Mg_2NiH_4 evidence for microtwinning [J]. Journal of the Less-Common Metals, 1986, 115: 65-78.

[114] TRAN X Q, MCDONALD S D, GU Q, et al. In-situ investigation of the hydrogen release echanism in bulk Mg_2NiH_4 [J]. Journal of Power Sources, 2017, 341: 130-138.

[115] YVON K, SCHEFER J, STUCKILC F. Structural studies of the hydrogen storage material Mg_2NiH_4. 1. Cubic high-temperature structure [J]. Inorganic Chemistry, 1981, 20 (9): 2776-2778.

[116] ZOLLIKER P, YVON K, JORGENSEN J D, et al. Structural studies of the hydrogen storage material magnesium nickel hydride (Mg_2NiH_4). 2. Monoclinic low-temperature structure [J]. Inorganic Chemistry, 1986, 25 (20): 3590-3593.

[117] AOKI K, Li X G, MASUMOTO T. Factors controlling hydrogen-induced amorphization of C15 Laves compounds [J]. ACTA Metallurgica ET Materialia, 1992, 40 (7): 1717-1726.

[118] STAN C, ANDRONESCU E, PREDOI D, et al. Structural and hydrogen absorption/desorption properties of $YNi_{4-x}Al_xMg$ compounds (with $0 \leqslant x \leqslant 1.5$) [J]. Journal of Alloys and Compounds, 2008, 461: 228-234.

[119] Li X L, Zhang Q A. Comparative investigation on electrochemical properties of $SmMgNi_4$, Sm_2MgNi_9 and $SmNi_5$ compounds [J]. International Journal of Hydrogen Energy, 2017, 42 (7): 4269-4275.

[120] KADIR K, SAKAI T, UEHARA I. Synthesis and structure determination of a new series of hydrogen storage alloys; RMg_2Ni_9 (R=La, Ce, Pr, Nd, Sm and Gd) built from $MgNi_2$ Laves-type layers alternating with AB_5 layers [J]. Journal of Alloys and Compounds, 1997, 257: 115-121.

[121] HUANG L J, WANG Y X, TANG J G, et al. Microstructure changes of amorphous Mg-Ni-Nd alloys during charge/discharge cycling and its thermodynamic verification [J]. International Journal of Electrochemical Science, 2011, 6 (11): 5287-5297.

[122] KADIR K, SAKAI T, UEHARA I. Structural investigation and hydrogen capacity of YMg_2Ni_9 and $(Y_{0.5}Ca_{0.5})(MgCa)Ni_9$: new phases in the AB_2C_9 system isostructural with $LaMg_2Ni_9$ [J]. Journal of Alloys and Compounds, 1999, 287: 264-270.

[123] MEZBAHUL-ISLAM M, MAMOUN M. A critical thermodynamic assessment of the Mg-Ni, Ni-Y binary and Mg-Ni-Y ternary systems [J]. Calphad: Computer Coupling of Phase Diagrams and Thermochemistry, 2009, 33: 478-486.

[124] Wang Z M, Zhou H Y, Cheng G, et al. Preparation and electrode properties of new ternary alloys; $REMgNi_4$ (RE = La, Ce, Pr, Nd) [J]. Journal of Alloys and Compounds, 2004,

384 (1/2): 279-282.

[125] HANADA N, SHIN-ICHI O, FUJII H. Hydriding properties of ordered-/disordered-Mg-based ternary Laves phase structures [J]. Journal of Alloys and Compounds, 2003, 356-357: 429-432.

[126] KADIR K, NOREUS D, YAMASHITA I. Structural determination of AMgNi$_4$ (where A＝Ca, La, Ce, Pr, Nd and Y) in the AuBe$_5$ type structure [J]. Journal of Alloys and Compounds, 2002, 345: 140-143.

[127] MUHAMMAD-SADEEQ B, Wang Zhongmin, Zhang Huaigang, et al. Effect of high and low temperature on the electrochemical performance of LaNi$_{4.4-x}$Co$_{0.3}$Mn$_{0.3}$Al$_x$ hydrogen storage alloys [J]. Journal of Alloys and Compounds, 2013, 579: 438-443.

[128] KURIYAMA N, SAKAI T, MIYAMURA H, et al. Electrochemical limpedance and deterioration behavior of metal hydride electrodes [J]. Journal of Alloys and Compounds, 1993 (202): 183-197.

[129] CHITSAZKHOYI L, RAYGAN S, POURABDOLI M. Mechanical milling of Mg, Ni and Y powder mixture and investigating the effects of produced nanostructured MgNi$_4$Y on hydrogen desorption properties of MgH$_2$ [J]. International Journal of Hydrogen Energy, 2013, 38 (16): 6687-6693.

[130] Luo F P, Wang H, Ouyang L Z, et al. Enhanced reversible hydrogen storage properties of a Mg-In-Y ternary solid solution [J]. International Journal of Hydrogen Energy, 2013, 38: 10912-11091.

[131] Wang Z M, Ni Chengyuan, Zhou Huaiying, et al. Structural characterization of REMgNi$_4$ type compounds [J]. Materials Characterization, 2008, 59 (4): 422-426.

[132] Tong Liu, Cao Yurong, Qin Chenggong, et al. Synthesis and hydrogen storage properties of Mg-10.6La-3.5Ni nanoparticles [J]. Journal of Power Sources, 2014, 246: 277-282.

[133] Zhang Yanghuan, Li Yaqin, Shang Hongwei, et al. Hydrogen storage performance of the as-milled Y-Mg-Ni alloy catalyzed by CeO$_2$ [J]. International Journal of Hydrogen Energy, 2018, 43 (3): 1643-1650.

[134] Zhang J, Zhou D W, He L P, et al. First-principles investigation of Mg$_2$Ni phase and high/low temperature Mg$_2$NiH$_4$ complex hydrides [J]. Journal of Physics and Chemistry of Solids, 2009, 70: 32-39.

[135] KALINICHENKA S, RÖNTZSCH L, CARSTEN B, et al. Hydrogen desorption kinetics of melt-spun and hydrogenated Mg$_{90}$Ni$_{10}$ and Mg$_{80}$Ni$_{10}$Y$_{10}$ using in situ synchrotron, X-ray diffraction and thermogravimetry [J]. Journal of Alloys and Compounds, 2010, 496 (1/2): 608-613.

[136] KRESSE G, FURTHMULLER J. Efficient iterative schemes for ab initio total-energy calculations using a plane-wave basis set [J]. Physical Review B, 1996, 54 (16): 11118-11169.

[137] KRESSE G, JOUBERT D. From ultrasoft pseudopotentials to the projector augmented-wave

method [J]. Physical Review B, 1999, 59 (3): 1758-1775.

[138] NORÉUS D, OLSSON L G. The structure and dynamics of hydrogen in Mg_2NiH_4 studied by e-lastic and inelastic neutron scattering [J]. The Journal of Chemical Physics, 1983, 78 (5): 2419-2427.

[139] 郜余军, 马立群, 杨猛, 等. 球磨时间对 $MmNi_{3.9}Co_{0.45}Mn_{0.4}Al_{0.25}$-CoB 复合储氢合金电化学性能的影响 [J]. 稀有金属, 2011 (01): 33-37.

[140] ZHENG G, POPOV B N, WHITE R E. Electrochemical determination of the diffusion coefficient of hydrogen through an $LaNi_{4.25}Al_{0.75}$ electrode in alkaline aqueous solution [J]. Journal of the Electrochemical Society, 1995, 142 (8): 2695-2698.

[141] Li Xia, Yang Tai, Zhang Yanghuan, et al. Kinetic properties of $La_2Mg_{17-x}-x$ wt. % Ni ($x=0$ —200) hydrogen storage alloys prepared by ball milling [J]. International Journal of Hydrogen Energy, 2014, 39: 11356-13557.

[142] Liu Xiaofeng, Zhu Yunfeng, Li Liquan. Hydrogen storage properties of $Mg_{100-x}Ni_x$ ($x=5$, 11.3, 20, 25) composites prepared by hydriding combustion synthesis followed by mechanical milling (HCS + MM) [J]. Intermetallics, 2007, 15 (12): 1582-1588.

[143] Zhang Yanghuan, Wang Haitao, Zhai Tingting, et al. Hydrogen storage performances of $LaMg_{11}Ni+x$ wt% Ni ($x=100$, 200) alloys prepared by mechanical milling [J]. Journal of Alloys and Compounds, 2015 (645): S438-S445.

[144] 田晓, 云国宏, 尚涛, 等. 退火温度对 $Mm(NiCoMnAl)_5/5$wt% Mg_2Ni 储氢合金结构和电化学性能的影响 [J]. 功能材料, 2013 (19): 2859-2863.

[145] 李振轩, 朱文, 谭聪, 等. A、B 侧元素化学计量比对 La-Mg-Ni-Co 系四元储氢合金的电化学性能影响研究 [J]. 稀有金属材料与工程, 2015 (02): 397-402.

[146] Zhao Xiangyu, Yi Ding, Ma Liqun, et al. Electrochemical properties of $MmNi_{3.8}Co_{0.75}Mn_{0.4}Al_{0.2}$ hydrogen storage alloy modified with nanocrystalline nickel [J]. International Journal of Hydrogen Energy, 2008, 33: 6727-6733.

[147] GASIOROWSKI A, IWASIECZKO W, SKORYNA D, et al. Hydriding properties of nanocrystalline $Mg_{2-x}M_xNi$ alloys synthesized by mechanical alloying (M=Mn, Al) [J]. Journal of Alloys and Compounds, 2004, 364: 283-288.

[148] 张羊换, 任慧平, 祁焱, 等. 快淬纳米晶 $Mg_2Ni_{1-x}Cu_x$ ($x=0-0.4$) 合金的贮氢动力学 [J]. 功能材料, 2011, 42 (2): 376-380.